月季栽培养护月历及名品鉴赏

YUEJI ZAIPEI YANGHU YUELI JI MINGPIN JIANSHANG

孟庆海　著

中国林业出版社

作者简介

孟庆海，北京仙境种植园技术主任，中国花卉协会月季分会副理事长，北京月季栽培大师，山东省莱州市荣誉市民。20世纪80年代初从事月季栽培至今，以栽培养护、辨叶识花见长，其识别量约七百余种。近十几年以来，在专业刊物等发表文章70余篇，出版月季专著5部，受邀在多地进行技术讲座和指导，并担任多届全国及地方月季展顾问与评委。还曾任法国、德国、卢森堡月季新品种国际评委。

图书在版编目（CIP）数据

月季栽培养护月历及名品鉴赏 / 孟庆海著. -- 北京:
中国林业出版社, 2014.5(2014.7重印)

ISBN 978-7-5038-7445-1

Ⅰ.①月… Ⅱ.①孟… Ⅲ.①月季—观赏园艺②月季—鉴赏 Ⅳ.①S685.12

中国版本图书馆CIP数据核字(2014)第075942号

策划编辑：何增明　印　芳
责任编辑：印　芳

出版发行：中国林业出版社（100009 北京西城区刘海胡同7号）
http://lycb.forestry.gov.cn
电　　话：010-83227584
装帧设计：刘临川
印　　刷：北京博海升彩色印刷有限公司
版　　次：2014年5月第1版
印　　次：2014年7月第2次
开　　本：710mm × 1000mm　1/16
印　　张：15
字　　数：450千字
定　　价：88.00元

序

月季是原产我国的十大传统名花之一，其栽培历史悠久，享有“花中皇后”的美誉，深受我国和世界人民的喜爱，广植全国和世界各地。有些国家将它定为国花，我国以月季为市花的城市已多达50余座。从白雪皑皑的北国边陲到椰风拂煦的南国海岛，到处都有月季的花姿与幽香，到处都有人们对月季的情愫。

从古到今，人们热爱月季，种植月季，赞美月季。其间不乏文人骚客流传后人的隽永诗篇，如宋代诗人杨万里的《月季花》诗：“只道花无十日红，此花无日不春风”，现代著名作家刘白羽先生也有诗题“艳紫姹红动地天，……倾心一醉是今年”。古今诗篇传神而艺术地刻画了月季之美，表达了人们对月季的真挚情感。

关于月季的中文名称，我国自古即称之为月季，月季的最大特点和优点，就是它具有连续开花的习性，西方约在1800年前后将两个种类的中国月季*Rosa chinensis*和香水月季*R.odorata*的4个品种引入欧洲，开展了中间远缘杂交，经过几十年以上的努力，终于获得了四季开花，各种类型的现代月季（Rosa hybrida），于1876年培育出的‘新天地’是现代月季的开始。其后的一百多年世界各国月季育种家先后培育出了两万多月季品种，公认是花卉中的奇迹。我国现在各地普遍栽培的月季，95%以上多属此类“回姥姥家的外孙女”。西方统称蔷薇、玫瑰、木香、刺玫等均为“Rose”，但在我国的分类更加细致，月季就是月季，玫瑰就是玫瑰，蔷薇就是蔷薇……不能任意乱叫的。

纵观最近三十余年以来，特别是进入新世纪以来，我国月季生产销售和应用呈现前所未有的大发展大繁荣。欣喜之余，我们也冷静的思考着这样一个问题：在产业繁荣背后如何从月季生产与应用环节更好地提升养护管理水平，以最大程度提升月季种苗质量，充分体现品种特征，商品价值，以及应用景观效果。中国花卉协会月季分会副理事长、北京月季栽培大师孟庆海先生，成长于月季世家，耳濡目染酷爱月季。其父孟宪章先生早在60～70年代就以拥有300余种月季而闻名京城，1993年建设北京植物园月季园，孟宪章先生被聘为顾问，现场指导月季栽培。孟庆海先生近年来先后受邀到常州、莱州、三亚、南阳等地指导月季栽培工作。由于深受各地市的欢迎，被莱州市授予荣誉市民称号。凭借三十余年丰富的理论知识与实践经验，孟庆海先生对以上这些问题在本书中做了详尽明确的阐述，书中还配有数百幅彩照，其花朵照片拍摄角度新颖独特鲜活而生动，与花朵照片相对应的叶片照片比对性强，对专业工作者学习辨别品种，研究品种间差异，提升养护水平等具有较高的参考价值。其花朵与叶片照片的生物学描述简明扼要、高度概括与归纳，令读者耳目一新，一目了然。本书月季栽培养护月历篇章，详述周年月季养护，其内容丰富详尽，通俗易懂，可操作性强，具有极高的指导与参考价值。

月季花开盛世，缤纷美丽神州，热爱月季这个美丽事业的人们，让我们用激情用热忱掬起一捧肥沃的泥土，栽种下一株茁壮的月季，用清澈甘甜的水催开它娇艳欲滴的花朵，用辛勤的汗水呵护它的成长吧！

张佐双

中国花卉协会月季分会理事长

原北京植物园园长

享受国务院特殊津贴专家

前　言

月季是世界名花，这种花卉跨越国界与种族，受到世界人民的喜爱。它妖艳的花色、曼妙的花姿、馥郁的花香、优美的树姿不知陶醉了多少人。见到它让人忘掉了一时的烦恼，见到它让人止住了争吵，见到它战争暂时熄灭了火，见到它让人笑逐颜开。

月季属温带花卉，但是在爱美之心的驱使下，人们将它带到了这个星球无数遥远的地方。从白雪皑皑的斯堪的纳维亚半岛，到椰风海韵的马达加斯加，从静静流淌的圣劳伦斯河畔，到浓荫蔽日的亚马孙丛林边缘……带到哪里它就在哪里顽强地滋长，肆意地开花，其美轮美奂点滴不漏地呈现给人们。

月季在我国有着悠久的栽培历史，最早有文字记录的是北宋宋祁（998～1061年）的《益都方物略记》："此花既东方所谓四季花者，翠曼红花，蜀少霜雪，此花得终岁，十二月辄一开花亘四时，月一披秀，寒暑不改，似固守常"。描绘了月季四时开花的习性。他赞美月季的诗篇至今被人们传咏"群芳各分荣，此花冠时序。聊披浅深艳，不易冬春虑，真宰竟何言，予将造形悟。"与宋祁同处一个时代，曾任宰相的韩琦（1008～1075年）也有诗云："牡丹殊绝委春风，露菊萧疏怨晚丛，何似此花荣艳足，四时长放浅深红"。另外，苏轼（1037～1101年）、苏辙（1039～1112年）、徐积（1028～1103年）等文人骚客都用生动的笔触赞咏月季，其诗句隽永动人。

从明代王象晋的《花镜》和李时珍的《本草纲目》分析看，那时的月季只有红白二色，颜色单一，到18世纪中后期，直至19世纪，月季品种有了突飞猛进的发展，并且有关月季的专著也相继问世，书中阐述了一系列比较科学的栽培与育种方法。如清代谢堃所著的《花木小志》，许光照所著的《月季花谱》，徐寿基所著的《品芳录》，陈葆善所著的《月季花谱》等等，历史月季名家对月季的习性花色花形花香、有性繁殖方法、栽培管理等作了科学明确的阐述。清咸丰同治时期，月季的发展进入了鼎盛时期，并在今江苏淮安一带广为盛行，同治年有淮阴（今淮安）人刘传卓著《月季群芳谱》为证："盛于同治初年，淮扬间广植之，奇葩奇品，多宜当年群芳谱所未及栽也"。又有柳圆溪馆藏本《月季花谱》记载："明朝以前月季花只数种，未为世贵，近得变种之法，越变越多，愈出愈奇。始于江阴蔓延于大江南北"。

这些史料有力证明中国古代月季的起源地为今日的江苏淮安一带，广而植之。令人遗憾的是那些曾经熠熠生辉的历史遗留品种历经岁月磨砺，有活体保留至今的只有几十种了，可谓是月季的活化石，愈显弥足珍贵。二三百年前欧洲的植物学家、博物学家、传教士等人士以各种方式将中国古老月季引到了欧洲，与欧洲本土月季完成了一次次历史性的大融合，也就是从那时起，西方月季的血液里融入了来自东方月季的新鲜血液，经过数百年沧桑演变，逐步形成了庞大而复杂的现代月季体系，因此才有今日多达两万余种现代月季分布于世界各地的结果，这不仅仅是月季这样一个单一花卉种群也是整个植物界的一个伟大奇迹。

月季花开香万里，娇艳曼妙醉神州。最近三十多年来，特别是进入新时期以来，月季得到前所未有的发展与普及。截至目前，以月季为市花的城市已有50余座，另外包括全国性在内的各种规模的月季花事盛会也是你方唱罢我登场，国际月季组织近年来与我国月季行业交往频繁。世界月季协会主席及秘书长等先后多次访问我国，月季事业呈现一派欣欣向荣的美好前景。2010年，在江苏省常州市成功举办了世界月季洲际大会，与会的外国嘉宾近200人，这是首次将世界级的月季盛会选择在我国召开。我国近年来先后多次参加在国外举办的各种级别的月季花事活动。我几年前应世界月季协会之邀参加了在欧洲举办的新品种评判与专业考察工作，其间受到世界月季协会的热情接待，留下了美好而深刻的印象，出访取得了丰硕成果。中国花卉协会月季分会对外频繁的交往使我们开阔了眼界与思路，加深了了解，增进了互信与友谊。

为了满足广大月季专业工作者、爱好者的迫切愿望，也是向第六届中国月季展献礼，我作为莱州市荣誉市民，在莱州市政府和林业局、中国花卉协会月季分会以及第六届中国月季展筹委会的亲切关怀与鼎立支持下，满怀创作热情用较短时间完成了这部专著的创作。本书内容丰富详实，图文并茂，彩照拍摄角度独特，对品种照片的生物学性状描述特点突出，高度归纳，言简意赅，新颖独特，书中还增加了品种叶片的照片，与花朵照片相对应，使读者对品种的了解更加全面。本书的另一创新是一改月季专著没有周年养护月历或有周年养护月历但十分简略的不足，以细腻的笔触较全面地阐述月季周年养护内容。需要说明的是：1. 栽培养护月历主要适用于长江以北，黑龙江、吉林、辽宁、内蒙古以南，甘肃以东的广大地区，其他地区可供参考；2. 栽培养护中“盆栽月季的栽培管理”和“露地月季的栽培管理”指的是一般成株的栽培管理。

由于时间匆忙加之本人水平有限，疏漏与不当在所难免，诚请专家学者斧正指导。值此本书出版之际，我谨向给予本书鼎立支持的莱州市政府和市林业局、第六届中国月季展筹委会、中国花卉协会月季分会理事长张佐双先生、莱州市林业局局长王俊荣先生和原局长王延庆先生，以及李振茹、盛增波、崔保田、卢军、任鲁宁、刘晓进、司继跃、孟庆余、曾建淮、张汉鹏、齐宗俭、赵明哲等所有为本书付出辛勤努力的朋友们深深鞠躬，以致谢意。

孟庆海

目　录

月季
栽培养护月历及名品鉴赏
YUEJI ZAIPEI YANGHU YUELI JI MINGPIN JIANSHANG

月季栽培养护月历

YUEJI ZAIPEI YANGHU YUELI

1月 01

1月份是一年中气温最低的一个月，以北京为例，月平均气温在-4.5℃。本月的养护重点是加强防寒措施，防止月季发生冻害。

1. 保护地月季的栽培管理

本月所有保护地月季主要以防寒为主，尤其是夜晚。通风采光要常态化管理。观察保护地各种不同株龄、不同种植形式的月季（露地月季除外）有无缺水现象，缺水应及时补水，补水以湿润为主。

①砖混温室

坚持晴好天气通风采光，夜晚保温防冻，通风采光时间见11月。

②塑料大棚

本月初应在大棚北部增加一层防寒材料。大棚内如有假植沟应加盖3～5cm厚干木屑或3～5cm厚的干珍珠岩，棚内盆栽月季应加盖1～2cm厚干木屑或1～2cm厚干珍珠岩，以防冻害。

③阳畦

阳畦一般比较低矮，内部空间狭小，因此本月更应加强保温防寒工作。应在原有一层防寒材料的基础上再加盖一层，并坚持晴好天气通风采光，时间同11月。

④假植沟

12月下旬或本月初，应在原有一层防寒材料的基础上再加盖一层。并坚持晴好天气通风采光，以防霉变。时间同11月。

2. 露地月季的栽培管理

本月天寒地冻滴水成冰，土地冻层持续加厚，露地月季，尤其是开阔地或迎风处的月季，应在一些防寒薄弱的部位增厚防寒材料，以防冻害。加强防护的同时，还应定时巡视并配备灭火器材，以防火灾发生。

3. 年终工作总结

蒋恩钿古老月季园一隅

美国旧金山北部克里山植物园，以“月季夫人”蒋恩钿女士命名的古老月季园，所植月季为中国古老月季。这些植株的耕作层均为草炭土，土表被木屑覆盖，可起保墒、阻隔杂草、减少病虫害发生等作用。中国古老月季盛开在大洋彼岸，把中国人民的友好情谊永远留在了这里。

2月 02

本月为冬季的最后一个月，也是一年中仅次于1月的寒冷时段，逢立春雨水节气，气温逐渐回升，但十分缓慢。北方地区天干物燥，南方地区常遇寒流侵袭，阴冷多雨。

1. 保护地月季的栽培管理

见1月。

2. 露地月季的栽培管理

见1月。

3. 基质肥料容器与其他材料的准备

①基质介绍

壤土：兼有沙土和黏土类的特点，消除了沙土和黏土的缺点。它含有足够的沙粒，利于排水和通气，又有足够的黏粒，可保持水分和营养元素。

木屑：容易获得，价格低廉，营养成分含量较高，可如堆积树叶一样对木屑进行发酵腐熟处理。质轻是其不足之处，但可与较重的基质混合使用。

塘泥：是最传统、最普遍的盆栽月季种植基质之一，其营养成分含量丰富，可直接用于盆栽，也可与其他基质相混合使用，效果更佳。

腐叶土：由各类树木的落叶堆积腐烂而成，其过程是在平地（或挖坑）堆积树叶约30cm厚，踏实淋水，并将粪肥、饼肥、尿素、硫氨等肥料撒布均匀（用以促进树叶腐烂分解），然后覆土。按照这样的方法堆积几层，然后覆盖塑料薄膜，盖两层效果更佳。腐叶土营养元素丰富，保水保肥疏松透气，是最实用和理想的月季盆栽基质。在种植时可加入壤土以增加植株稳固性。

草碳土：由半分解的植物组成，质地细腻、松散，pH值偏低，富含有机质。能增加土壤中的团粒结构。中国东北地区、北欧地区、俄罗斯均有大量分布，是花卉栽培普遍采用的一种优质基质。

珍珠岩：珍珠岩是压碎的硅酸盐加热到982℃，膨胀形成内部充满空气的白色颗粒，无生物活性，比沙土轻，pH7.5，可与其他栽培基质混合使用，通气效果佳。

②盆栽月季基质配制

壤土：草碳土＝7：3
壤土：珍珠岩：木屑＝5：2.5：2.5
壤土：木屑＝7：3
壤土：腐叶土＝6：4
塘泥：草碳土＝7：3
塘泥：木屑＝7：3
塘泥：腐叶土＝6：4
塘泥：珍珠岩：木屑＝5：2.5：2.5

③肥料介绍

有机肥

草木灰：枯枝落叶杂草等绿化垃圾焚烧后的灰。含钾量高，是钾肥的主要来源之一，也是月季生长过程中不可缺少的肥料之一，由于草木灰含钾较多，属碱性肥料，也具有中和酸性土壤的作用。

饼肥：是油料植物种子榨油后的残渣，有豆饼、花生麸或花生饼、菜籽饼等，含有机质75%～85%，N_2 2%～7%、P_2O_5 1%～3%，K_2O 1%～2%，养分丰富完全，使用干净卫生，但价格较高，可作基肥或追肥，作基肥时不要与月季根系直接接触，作追肥时先用适量的水浸泡10天，然后再兑水数十倍进行浇灌。

厩肥：也称圈肥，是家畜的粪尿和垫圈的干土、杂草以及吃剩的饲草或饲料，含氮量最多，也有一定的磷和钾，肥力柔

和，腐熟后可作基肥。

堆肥：是将杂草、落叶、秸秆、骨屑、泥土、粪尿等堆积起来发酵腐烂后制成的有制肥料，堆肥每月翻一次并加入适量的氮肥、饼肥和水以保证潮湿，促进分解。经数月至一年的堆积，即可成为富含有机质和营养丰富全面的堆肥。

家禽粪：是指鸡、鸭、鹅、鸽等家禽粪。家禽粪中氮、磷、钾的含量比家畜粪含量要高。特别是磷，所有家禽粪可作磷的来源。另外有机质含量高，能为微生物提供充足的养分，促进繁殖，加强土壤中磷的分解。

骨粉：骨粉是各类动物的骨骼经蒸煮或焙烧磨成粉状而成，是磷肥的重要来源，其价格较高，肥效分解速度慢，一般只作为月季珍稀品种示范区的基肥使用。

无机肥

碳酸氢铵（NH_4HCO_3）：碱性肥料，吸湿性强，吸湿后加速分解，与碱作用会加速氨的挥发，故贮藏时要防雨防热防潮。可作基肥或追肥，宜灌施，不能与草木质、石灰混用。

尿素[$CO(NH_2)_2$]：中性肥料，具一定的吸湿性，易溶于水。在10℃时7～10天，在20℃时4～5天，在30℃时2天就可完全转化为碳酸铵，因此追肥时应按需肥时间适当提前施用，可作基肥或追肥。月季花吸收过量的氮素时，会徒长大量的枝叶，使其过于茂盛而开花稀少，直接影响植株形态以及抗病性。因此施用尿素时就应注意量要恰到好处，以利于月季的均衡生长。

过磷酸钙：也称普钙，主要成分为磷酸钙[$Ca(H_2PO_4)_2 \cdot H_2O$]和硫酸钙（$CaSO_4$），溶于水，有一定的吸湿性，酸性土施用普钙前可配合先施生灰（切不可与石灰混用），可减少铁、铝对磷的固定，提高肥效。

普钙若与有机肥一起堆沤后施用或与有机肥混合使用，可借有机肥料分解时产生的有机酸（如柠檬酸等），对土壤中铁、铝有较强的络合能力，从而减少磷的固定。同时普钙与有机肥混合还可减少有机肥中氮的挥发损失，提高肥效。月季幼苗对磷的要求较为敏感，但对土壤中溶性磷的吸收能力较弱，因此宜作追肥和种肥。通常在开花前或天气炎热之前施用。

硫酸钾（K_2SO_4）：生理酸性肥料，也是高浓度的速效肥料。无色结晶体，吸湿性小，不宜结块，物理性状良好，施用方便，是很好的水溶性肥料。在酸性土壤中长期施用硫酸钾要与农家肥、碱性磷肥或石灰配合，以使过酸的土壤降至月季生长适宜的酸碱度。在石灰性土壤中，硫酸钾与土壤中钙离子生成不易溶解的硫酸钙（石膏），极易造成土壤板结，故应增施有机肥。

磷酸二氢钾（KH_2PO_4）：含P_2O_5为50%，K_2O为30%，为磷钾复合肥，酸性肥料。由于价格高，一般作根外追肥，浓度为0.1%～0.3%。

微量元素肥料

硼肥：硼是作物所必需的微量元素，月季植株缺硼时顶端优势停止，形成许多“封顶条”，花瓣边缘发生局部褐变或完全褐变，叶片会发生畸形，这是因为缺硼时植株体内的碳水化合物代谢发生紊乱所致。

锰肥：锰是作物所必需的微量营养元素。锰是叶绿体的主要成分，是维持叶绿体结构所必需的微量营养元素。锰也能促进幼苗早期生长，促进开花。锰缺乏时月季叶片的主脉和侧脉附近为深色呈带状，叶脉间为浅绿色。严重缺锰时叶脉间的失绿区变成绿到灰白色，叶片薄，严重影响其光合作用，同时伴有枯枝现象，生长势极弱。锰肥品种比较少，目前常用的锰肥主要是硫酸锰，其主要的施肥方法有基肥、追肥（包括叶面喷肥）和种肥三种。

锌肥：硫酸锌、氯化锌等。锌是作物正常生长发育所必需的微量元素。锌在某种程度上能稳定月季的呼吸作用，提高抗逆性，还能调节月季对磷的利用。缺锌时月季对磷的吸收作用减少，导致植物内无机磷的大量积累。在南方酸性土壤中长期施用石灰改变了土壤的酸碱度，因而也会诱发缺锌。除这些因素外，在月季的栽培中一般不会发生锌元素缺乏症，因为在防治月季病虫害的农药中有锌金属离子，只要叶片吸收就可以满足其生长需求了。

镁肥：镁是叶绿素分子中唯一的金属元素。叶绿素是植物光合作用的核心。月季缺镁时首先从其下部老化叶片表现症状，叶脉间出现斑点性泛绿，继而呈黑褐色或紫色片状，发展形成坏死斑。

钼肥：常用的是钼酸铵，作基肥时每亩施0.01～0.1kg，与过磷酸钙混合使用效果更佳，叶面喷施常用0.1%溶液。

④容器准备

栽培月季的容器多种多样，单从质地上分就有素烧瓦盆、瓷质盆、木质盆、塑料盆、无纺布袋等。生产中一般以素烧瓦盆及塑料盆为宜。其规格（以2年生月季为例）可用21cm×21cm。瓷质盆、木质盆价格相对较高，可用于高档月季的盆栽或套盆。

⑤其他材料的准备

本月应准备花铲、手推车、线绳、枝剪、铁锹（尖锹、方锹）、水管、喷头、水泵、旋耕机械、燃油等工具设备。

月季园中仙子笑

莱州中华月季园，月季仙子雕像处于全园中心，由汉白玉雕刻而成，仙子脚踏祥云，面露笑靥，其左手高擎花篮，篮内装满盛开的月季花。她将美丽的月季花撒向大地，撒向人间。整个雕刻生动传神，充满浪漫主义情怀。

3月

气温逐渐升高，暖空气活跃，但时暖时寒，反复无常，南方地区多连续阴雨天气。

1．保护地月季的栽培管理

本月保护地各类各种不同株龄和种植形式的月季均开始发芽或展叶，应及时管理以适应节气和生长的需要。

①砖混温室

苗床扦插苗与嫁接苗

在移栽至露地之前，应抓紧时间“炼苗”以促幼苗茁壮而不徒长，控制好温度，如白天气温在15~20℃时，其温室塑料薄膜应打开至25~40cm，使温室温度控制在25℃左右，夜温则保持在15~18℃之间，同时密切观察苗床是否缺水，浇水量以苗床湿润为宜。

盆栽月季

以发芽为标志施一次根部固体肥（以下简称根肥），可参照表1进行。具体操作如下：将根肥均匀撒于花盆表面，然后用短把锄将肥料与盆土混和，其松土深度约1.5cm。施肥作业结束后应及时浇水，量以湿润为宜。依照此法每10天施1次，待长出幼叶后再施一次叶面肥（以下简称叶肥）。施用应在盆土湿润的前提下进行。即取1.5～2.5kg红糖用30～40℃温水化开，再用50kg清水勾兑搅拌。喷施时将喷头调至雾化喷度最高点，使嫩梢和幼叶刚刚沾上糖水即可。坚持通风采光，将白天的温室温度控制在25℃及以下，夜间为18℃左右，为盆株逐渐适应露天生长作准备。

盆栽树状月季

认真观察，及时消灭拟蔷薇白轮盾蚧，及时抹除蔷薇蘖芽蘖枝，以利养分集中至树冠上来。

②塑料大棚

苗床扦插苗与嫁接苗

坚持晴好天气通风采光，白天棚内温度控制在25℃及以下。因大棚内光照充足，加之通风等原因极易导致苗床缺水，故应经常巡视，发现缺水及时补给，浇水以苗床湿润为宜。

表1　盆栽月季根部固体肥施用表

株龄	有机肥	施用量（g）	无机肥	施用量（g）	综合施用量（g）	备注
扦插苗	膨化鸡粪	3	复合肥	1.5	7.5	
	芝麻酱渣	3				
嫁接苗	同上	4	同上	1.5	9.5	1．嫁接苗及其以下各株龄盆株含树状月季。 2．本表数据均为参考值，应以实际生长情况灵活掌握。
	同上	4				
2年生	同上	20	同上	4	39	
	同上	15				
3年生	同上	35	同上	8	73	
	同上	30				
5年生及以上	同上	150	同上	12	412	
	同上	250				

③阳畦

苗床扦插苗与嫁接苗

本月中下旬，尤其是即将移栽至露地的前10天，如天气晴好应加宽通风口，以促使两苗尽快适应露天生长，同时保持苗床湿润。

盆栽月季

本月中下旬如白天天气晴好，可将覆盖阳畦的塑料薄膜逐渐掀开，直到一半，至下午15：30～16：00点将阳畦塑料薄膜覆盖并压实。发芽后应施一次根肥（见表1），每10天施用1次。待长出幼叶后应施一次叶肥。

④塑料大棚假植沟

本月白天应加宽通风口以进一步降低大棚内温度，其间应抽检假植沟的裸根苗是否有发芽现象。至本月中下旬裸根苗上盆时以不发芽为最佳。

2. 露地月季的栽培管理

月季种植地化冻后应及时撤除防寒材料并清理杂物，然后对不同种类不同株龄的月季进行一次全面彻底的精修剪，修剪作业结束后进行根肥施用及病虫害防治。

①修剪

多季花藤本月季（连续性开花）

可作中度修剪，即植株中部以上进行修剪，保证较好的姿态方向和高度。

一季花藤本月季（非连续性开花）

只剪除抽干枝及盲枝，切忌剪除骨干枝，否则易出现不坐蕾或零星开花现象。

杂交茶香月季

通常情况下，应保留着花枝骨干枝一半的高度，以促生更加茁壮的枝条和优美的株形。

丰花月季

丰花月季枝条繁多而紧密，对这类月季可做中度修剪，以增加着花量。

微型月季

微型月季枝条纤细，植株矮小，生长速度较其他类型缓慢，如果不是冻害严重或其他特殊原因，通常以轻剪为主。

地被月季

无论是常规种植还是造型种植，通常情况下只将抽干枝、过密枝及过长枝剪除，同时将保留枝条摆放均匀，以利均衡生长。

②施肥

利用长把锄在距植株5～10cm向阳处开出一道月牙形沟槽，其深度和宽度约6cm，然后将根肥均匀撒于沟槽内，并覆土，自施肥作业结束后7天内完成浇水，具体见表2。

表2 露地月季根部固体肥施用表

株龄	有机肥	施用量（g）	无机肥	施用量（g）	综合施用量（g）	备注
扦插苗	膨化鸡粪	5	复合肥	3	13	1. 嫁接苗及其以下各株龄裸株含树状月季。 2. 本表数据均为参考值，应以实际生长情况灵活掌握。
	芝麻酱渣	5				
嫁接苗	同上	5	同上	3	13	
	同上	5				
2年生	膨化鸡粪	50	同上	10	310	
	堆肥	250				
3年生	同上	75	同上	15	390	
	同上	300				
5年及以上	同上	100	同上	15	415	
	同上	400				

3. 整地和作畦

①整地

土地应该平坦开阔，通风并且充分采光，其土壤应以壤土为宜。开耕之前应彻底清除枯枝杂草，尤其是不可降解的废旧农用地膜等污染物。然后均匀抛撒粉碎干牛粪或粉碎干猪粪，每亩1500kg，复合肥80kg，旋耕3遍，旋耕深度50cm。此深度一般情况下均可满足幼苗及成株种植要求，旋耕后暴晒数日，以除菌虫。

②作畦

所作的畦一般有3种形式。

土埂畦

将旋耕后的土壤堆积成高15～20cm，宽20～25cm土埂（其长度依具体情况而定），土埂与土埂间距为25～30cm。将幼苗或成株种植于土埂顶端，利于防涝和收获。

宽畦

将旋耕后的土壤堆积成高10cm，宽100cm的土埂，土埂与土埂间距为30cm形成宽畦。

窄畦

将旋耕后的土壤堆积成高10cm，宽50cm的土埂，土埂与土埂间距为25cm形成窄畦。

4. 月季扦插苗与嫁接苗的露地移栽与上盆

为了赶季节，也为了保鲜，两苗的露地移栽与上盆要求保质保量快速进行。

①月季扦插苗的露地移栽

在月季扦插苗从苗床向露地移栽的前1～2天，应对苗床平茬修剪（水平剪除嫩叶嫩梢），紧跟其后浇透水1次，最后进行一次全面彻底的病虫害防治。防治药物中灭菌药物主要有百菌清，用75%粉剂100～200g兑水50kg喷施。灭虫药物主要有溴氰菊酯，用2.5%乳油15g兑水40～50kg喷施。

喷施后隔日即可起苗，起苗时应用长把铁锹或短把铲用力挖掘深及幼苗根部下方，然后掘起挑捡，选择根系发达苗壮的幼苗，淘汰只有愈合组织、根系极少或幼苗表皮一侧坏死的植株，按品种类型分别放置，并用消毒液浸蘸2秒钟，其药液比例为百菌清或粉锈宁灭菌药50g，弗南丹灭虫药15g兑水50kg充分搅拌即可。浸蘸后立即移栽，可选择土埂畦商品苗种植的株距，依实际情况可为5cm、15cm或20cm。种植时要快捷，株行均等，横平竖直，根深适当，种类分清。另外，每完成1小时种植量，必须浇透水1次。

②月季扦插苗的上盆

月季扦插苗上盆可采用8cm×8cm的塑料盆。基质参考上月相关内容。上盆时先将盆底放入2cm厚的基质，然后左手持幼苗于盆中央，右手用花铲撮土装盆，盆土将满时轻按幼苗两侧，以稳固幼苗，最后摇盆数下以平整盆土，盆土切忌装满，以表面距盆沿1.5cm左右为佳。

盆苗以摆放宽度100cm、间隔40cm为宜，每完成半小时工作量必须浇透水1次，浇水以盆眼出水为准。

③月季嫁接苗的露地移栽

在月季嫁接苗从苗床向露地移栽的前1～2天，应对苗床嫁接苗幼叶（部分）进行逐棵剪除，然后浇透水1次，最后进行一次彻底的病虫害防治。药物喷施后隔日即可起苗，起苗时本着根系发达苗壮无蘖芽蘖枝的原则进行选择，淘汰发育不良坏死的植株。挑捡时还应按品种类型分别放置，并用上述药液浸蘸2秒钟。浸蘸后应立即进行移栽种植。以土埂畦种植为例，株距可选择5cm、15cm、20cm三种。种植时要快捷，株行均等，横平竖直，接点朝阳（嫁接生长点一律朝向阳面）根深适当，种类分清。每完成半小时种植量必须浇透水1次。

④嫁接苗的上盆

方法与扦插苗基本相同，略有不同的是摆放时嫁接苗生长点一律朝向阳面。

5. 假植沟月季的上盆

无论是塑料大棚的，还是露地的，应在上盆的前5～10天内对假植沟的月季浇水一次，量以湿润为宜，不得过多。以2年生植株为例，将植株从假植沟内掘出后按品种类型分别进行逐棵修剪，除藤本做轻度修剪外，其他类型以中度修剪为主。修剪后及时上盆，采用21cm×21cm的塑料盆或素烧瓦盆，将盆底用事先准备好的基质垫厚3cm，然后左手持植株于盆中央，右手用花铲装土，装至植株分枝点时轻按两侧，以稳固植株，最后摇盆数下以平整盆土。盆土切忌装满，应以盆土距盆沿2~3cm为佳。盆株通常横向摆放6盆，盆间距离5cm，作业道宽50cm，其纵向长度依实际情况灵活掌握。每完成2小时种植量必须浇水，浇水时水管安装喷头，浇灌的同时，可清洗枝条泥土，浇水以盆底眼出水为准。

6. 病虫害防治

上盆结束后（浇水后）及时进行一次彻底的病虫害防治。灭菌的药物有百菌清或多菌灵等。灭虫的药物有：混灭威、三氯杀螨醇、溴氰菊酯等。由于植株为光枝上盆，因此在药液勾兑时，比例可略高一些，对未来生长有益无害，喷施应将盆株上下、作业道及周边等喷湿喷透。

花开五月淮安城

淮安月季园是中国八大月季中心之一，始建于20世纪80年代初期，历经30年风雨。最近几年来该园进行大规模环境整治，在原有基础上扩大面积，增加月季品种，提高养护水平，打造成靓丽的城市名片。

月季相伴琴声远

黄瓦红墙，白色窗棂；飘香的月季，悠长的琴声，营造出和谐优雅的胜境。

风味饮品甘又醇

用月季花瓣制作的各种饮品，保留了月季独有的花香和营养，还有美颜解毒、解郁祛斑等功效。

4月 04

本月气温逐渐升高，清明后最低温度不低于0℃，但仍有晚霜，谷雨后最低气温不低于5℃，晚霜结束，雨水较多。

1. 盆栽月季的栽培管理

本月盆栽月季进入全年第一个快速生长时期，经历发芽、展叶、坐蕾甚至开花等不同发育阶段。应加强对盆栽月季的养护管理。

①盆栽月季的水分管理

无论是采用自动滴灌还是人工浇水，一般以盆土湿润为宜。实践证明：每次浇水从盆眼流出时（上盆后前几次浇水除外），其氮肥的流失率为70%，钾肥的流失率为50%，由此可见浇水量不宜过多。

②盆栽月季的养分管理

根肥施用

见3月，依照此法每10天施用1次。

叶肥施用

叶肥施用等见3月相关内容，本月一般可施用2～3次，花期禁施。

③盆栽月季的除蘖

嫁接于蔷薇上的月季，其蔷薇蘖芽蘖枝的生长速度远快于月季，大量消耗养分，影响月季整体景观效果，应及时剔除。剔除根部蘖芽时应用竖刀从其生长点彻底切断，剔除地上部分蘖枝时可用枝剪从其生长点彻底剪除，不留短节，一般7～10天进行一次。

④盆栽月季的松土

除草碳土、木屑等疏松性的基质以外，比较黏重的盆栽基质及时松土，并追加一定量的疏松性基质。此项作业应用短把锄进行，以21cm×21cm盆株为例，其松土深度为1.5～2cm，不可伤及根部，一般每10～15天进行一次。

2. 露地月季的栽培管理

本月，尤其是中下旬，露地月季生长速度加快，应加强水肥管理，迎接下月花期的到来。

①露地月季的水分管理

本月前期雨水较少，空气干燥水分蒸发较大，而此时露地月季已进入一年中第二个旺盛生长期，需水量加大，无论采用什么灌溉方式，灌溉前夕表土以半干状态为最低标准，而不得在干透的情况下才浇水，否则极大影响植株正常生长。

②露地月季的养分管理

在水分管理恰当和气温不断回升的前提下，上月施用的根肥本月正逐渐发挥作用，在新芽嫩叶不断抽生的旺长时期，应配合2～3次叶肥施用，其生长效果更佳。叶肥施用方法见3月相关内容，本月一般施用2～3次，花期禁施。

③露地月季的除蘖

方法同盆栽月季。

④露地月季的松土

松土通常在每次浇水2日后进行（铺设地布的除外），如遇降雨可延后至天晴进行。松土可使耕作层结构疏松透气，抑制杂草，减少减轻病虫害发生蔓延。此项作业适用长把锄，通常成年株松土深度约2cm，1年生的幼苗深度约1cm，松土要细致，不得落锄并避免枝叶折断，松土后表面要平整细腻。

3. 病虫害防治

①病害防治

霜霉病

对于保护地月季而言，应特别注重霜霉病的大暴发，霜霉病为温室性病害，具有起病急、传染快等特点，病原菌通过叶片向细胞间隙和细胞膜中扩展，吸取细胞内养分，灭杀寄主细胞。霜霉病主要危害植株中下部中片，造成紫红色至暗红色不规则斑块，斑块往往与药害相似，并伴有白色霉斑，最终导致叶片变黄而脱落。霜霉病发生的适宜温度为25℃，最适宜的湿度为100%，故控制保护地的温度和湿度至关重要。

防治可用以下药物。

敌菌灵：内吸性药物具广谱性，对霜霉病既可预防也可治疗，400～500倍液，一般喷施3～4次，间隔期为7天。

瑞毒霉：又名甲霜灵、甲霜胺、阿普隆、霉多米尔等。内吸性药物，属低毒灭菌剂，即可预防也可治疗，对霜霉病有特效，也可做土壤处理，禁止与碱性农药、化肥使用。单一使用其病菌产生抗性，应与其他灭菌药交叉使用，一般用30～50g粉剂兑水50～75kg喷施，喷施3次，间隔期为7天。

白粉病

该病害在保护地较为常见，由子囊菌亚门中的白粉菌引起，随风传播至叶子上，通常3小时即可发芽，渗透植株组织直接危害月季的花蕾嫩叶及嫩枝，病症最初不明显，为白粉状，近圆形斑，扩展后病斑可连成片，导致花朵畸形发育，褪色不艳，嫩叶嫩梢卷曲畸形，植株失去生机，严重时花瓣也可被白粉浸染（易浸染的品种如‘绿袖子’、‘旧金山’等）。该病好发于本月的保护地及5月、9月、10月份露地月季。白粉病最适合产生孢子发芽和感染的温度为16℃，湿度为70%～90%，适合孢子成熟和扩散的温度为27℃，湿度为35%～70%。

防治可用以下药物。

粉秀宁：保护性杀菌剂，微毒，具广谱性、见效快，适宜发病初期使用，约7天喷施1次药液可勾兑略浓而无药害。

托布津：同粉锈宁。

②虫害防治

月季长管蚜

本月多见于保护地，偶有露地发生，该虫害为蚜科，广泛分布于华北、华中、华东等地区。长管蚜主要集中于嫩梢、花蕾、花梗及部分叶片上，吸吮汁液，引起受害部位畸形，不易伸展，生长势大大降低，失去观赏价值，同时蚜虫分泌的蜜露还可导致煤污病发生。

长管蚜之成蚜为无翅胎生，雌蚜长约4mm，宽约1.5mm，头浅绿色，胸和腹部草绿色，腹管长圆筒形，长达尾部。该蚜虫在月季蔷薇的叶芽和叶背越冬，在无风、-2～-3℃的环境下仍有生命力，过冬后的成蚜4月上旬起即在月季幼芽、幼叶、嫩梢、花蕾、花枝及部分叶片上繁殖并吸吮汁液。5月中旬可成为第一次危害期，7～8月间雨季来临并伴随高温，蚜数下降，9月下旬～10月上旬气温较为干燥，有利于蚜虫繁殖，因此10月中下旬可能出现第二次危害期。该虫较适宜的繁殖温度为20℃左右。

防治可用以下药物。

溴氰菊酯：中等毒性，具有较强的触杀和胃杀作用，无内吸和熏蒸作用，杀虫广谱，击倒速度是目前拟除虫菊酯类药品中活性最强的品种，但对螨类效果较差。在卵孵化初期至盛期20～40ml乳油，兑水50～60kg喷施。

阿维菌素：又名杀虫菌素、爱福丁、阿巴丁等。阿维菌素对人、畜高毒，该药是由链霉菌产生的大环内酯类抗生素杀虫剂，具有胃毒和触杀作用，无内吸和熏蒸作用，可用于棉花、叶菜、果树、花卉等作物，危害初期至盛期用25～40ml乳油，兑水50～60kg喷施。

二点叶螨

又名棉红蜘蛛、二斑叶螨、普通红蜘蛛。叶螨是世界性害螨之一，我国各地均有分布，危害月季、蔷薇、玫瑰及桂花、茉莉、牡丹、石竹、枸杞、樱草等百余种花木。该害虫繁殖速度极快，危害期一般藏匿于植株下部叶片的背面，刺吸汁液并吐丝结网，被害叶片出现极细密的白色斑点，使叶表失去光泽。由于中晚期虫口数量快速增长，月季全株叶表、叶背及枝条、花蕾等均可遍布红蜘蛛，叶片缩卷枯焦如同火烧，植株生长停止，花朵褪色严重者可致整株死亡。

其雌螨近卵圆形，体长0.4～0.5mm，宽约0.3mm，体色有红色、淡黄色和黄绿色，随寄主植物不同而不同，雄成螨略呈菱形，体长约0.3mm，宽约0.15mm，前端近圆形，后端较尖，足4对。红蜘蛛的发生代数各地不一，东北一年12代，南方一年20多代，华北一年12～15代，世代重叠。以北京地区为例，4～6月中下旬的保护地为该害虫的高发期。

防治可用以下方法。

三氯杀螨醇：又名开手散、施螨灵、齐杀螨、灭螨安等。三氯杀螨醇对人畜低毒，该药具有触杀和胃毒作用，无内吸性，杀螨广谱，对成螨、若螨、螨卵均有效，是一种神经毒剂，残留期超过一年。危害盛期用40～50ml乳油，兑水50～60kg喷施。

杀虫脒：又名杀螨脒。杀虫脒对人、畜中等毒性，该药具有触杀作用，无内吸性，可用于果树、棉花、蔬菜、花卉等作物，防治多种害螨，对成螨、若螨和螨卵有较好效果，危害盛期用30～60ml乳油，兑水50～60kg喷施。

月季花开似浪涌

常州紫荆公园内的月季花开时节，红色与白色相兼，园林景观效果呈献在人们面前错落有致，实在养眼。

一路车行一路花

莱州市某道路一侧宽达4m的绿化带内混植月季鲜花怒放。莱州市政府利用月季美化城市已成为传统做法，多年前莱州就评为全国优秀园林城市称号。

5月

本月进入春夏之交，全国各地气温大幅度升高，而且阳光日渐强烈。

1．盆栽月季的栽培管理

本月正值旺长及花期，应特别加强水肥管理及病虫害防治等。

①盆栽月季的水分管理

南北方许多地区都已进入坐蕾、露色或开花阶段，此时更应注意水分管理，避免盆干，一般情况下盆土半干状态时植株表现为叶片低垂，花瓣萎蔫。盆土全干且时间较长时植株表现为表皮皱缩，叶片花蕾萎蔫，花瓣干枯，整株失去生机，欲恢复其正常生长和花开状态极为困难。

②盆栽月季的养分管理

根肥施用

见3月依照此法每10天施用1次。

叶肥施用

见3月。本月一般可施用2～3次，花期禁施。

③盆栽月季的除蘖

见4月。

④盆栽月季的松土

见4月。

2．露地月季的栽培管理

本月正值旺长及花期，应特别加强水肥管理及病虫害防治等。在充分表现品种特征和景观效果的同时，可快速提高生长量，为夏季的扦插繁殖提供大量插条。

①露地月季的水分管理

本月露地月季营养生长和生殖生长同步而快速，也是景观效果最美的时期，无论是自动滴灌还是人工浇水应使耕作层一直保持湿润半湿润交替状态。

②露地月季的养分管理

在水分管理恰当的前提下，之前早已施用的根肥本月可充分发挥作用，在坐蕾和露色阶段配合2～3次叶肥施用，其效果更佳，花期禁施。

③露地月季的除蘖

本月是嫁接株蔷薇蘖芽蘖枝快速生长的月份，应每7天逐株检查一次，及时剔除。

④露地月季的松土

见4月。

3．病虫害防治

①病害防治

主要是白粉病的防治，方法等见4月。

②虫害防治

主要是月季长管蚜、二点叶螨的防治，方法等见4月。

美艳少女

塑料质地的少女雕像，连衣裙用多种不同形态的花卉叶子精心拼接制作，其胸前背后，裙摆及草帽等部位饰以艳丽的月季，起到画龙点睛的作用。

6月 06

初夏，江淮流域进入梅雨季节，湿热多雨天气多变，南方常有大雨甚至暴雨出现。

1．盆栽月季的栽培管理

本月进入花开中后期和第二季花开放月份，应加强水肥及修剪等养护工作。

①盆栽月季的水分管理

同地栽月季一样，随着首季花接近尾声及第二季花的来临，本月尤其是中下旬高温也接踵而来，其水分蒸发量日渐增大。以晴天为例，21cm×21cm塑料盆头天上午浇过水后，次日上午已处半干状态。由此可见，进入6月后盆栽月季应每日浇水。

②盆栽月季的养分管理

根肥施用

见3月。每10天施用1次。

叶肥施用

见3月。本月一般可施用2～3次，花期禁施。如遇中到大雨应追施1次。

③盆栽月季的修剪

以疏剪和残花剪除为主。疏剪即剪除过密过细的枝条，而保留粗壮的骨干枝、着花枝等；残花剪除即把花开后期已无观赏价值的残存花朵花瓣，在其花梗下方第一节至第二节芽间剪除，如枝条过长应选择在第三至第四节芽间剪除。

④盆栽月季的其他管理

本月至9月下旬，无论直接置于地面的还是置于地布上的盆栽月季，需每15天检查并修剪一次由盆眼长出的根须，同时调整盆株方向，并清除盆株与盆株之间积存的落叶及杂物，以利通风，减轻病虫害发生。

2．露地月季的栽培管理

本月进入花开后期和第二季花开花阶段，应加强水肥管理及修剪整形等养护工作，最大程度促其生长，提高枝条木质化程度，为下月夏季扦插繁殖打好基础。

①露地月季的水分管理

本月进入花开后期和第二季花开花阶段，同时伴有高温，故应及时浇水，如连续7天晴天应浇水一次。否则3月施用的根肥肥效就不能充分发挥出来。

②露地月季的养分管理

3月施用的根肥本月仍然发挥作用，待修剪展叶后施用叶肥2～3次，花期禁施。本月遇中到大雨后应追施1次。

③露地月季的修剪

与盆栽月季的修剪大致相同，略有不同的是对有些藤本月季首季花应坐蕾而没坐蕾的徒长枝一般不作修剪，否则翌春仍不坐蕾。这类品种一般以非连续性开花的滕本月季为主。

④露地月季的松土

见4月。

⑤露地月季的其他管理

修建或修补沟渠等田间排涝设施，清除周边杂草杂物，修剪周边有遮挡影响的高大树木等，为本月下旬及以后雨季的到来作充分准备。

3. 病虫害防治

①病害防治

白粉病

至本月中下旬为该病危害末期，其防治方法见4月。

枝枯病

该病好发于高温干旱季节，危害月季枝条，大多引起梢部干枯，严重受害的枝条有时干枯2/3，甚至整株死亡。其病菌多在枝条剪口附近或嫁接生长点开始入侵，特别是修剪后切口距腋芽过近，残留的枝头更易发生坏死。发病初期为紫色小斑，很快紫色小斑扩大，中部变浅褐色或灰白色，边缘有紫红晕，病斑稍隆起或开裂，严重发病时迅速环绕枝条，使枝条枯干坏死。

防治可用以下方法：

园艺防治：修剪盲枝，并将剪后的枝条集中焚毁。

多菌灵：每亩使用50%粉剂100～200g，兑水100kg喷施。

克菌灵：每亩使用20%粉剂150～200g，兑水75kg喷施。

②虫害防治

月季巾夜蛾

别名月季造桥虫，广泛分布于全国各地，危害对象为月季、蔷薇、玫瑰、刺梨等蔷薇属植物，主要以幼虫危害腋芽、叶片、花蕾和花朵，导致失去观赏价值。月季巾夜蛾其成蛾体长约19mm，翅展约44mm，全体暗灰褐色。前双翅有一白色中带，其上密布极细的褐色斑点，在中带外侧近前缘处有一斜向小白斑。后翅有一条白色锥形中带，翅外缘中后部白色，缘毛灰白色。该夜蛾一年发生3～4代，以蛹在土中越冬，翌春5月上旬～6月羽化成为成虫，成虫白天藏匿杂草或植株叶背，夜间活动并产卵，6月为幼虫危害期。老熟幼虫在土中或落叶下吐丝结茧化蛹，蛹期约10天，到10月中下旬开始以蛹在土中越冬。

防治可用以下方法：

杀螟丹：每亩用50%粉剂100～150g兑水50～75kg喷施。

氯菊酯：每亩用10%乳油20～40ml，兑水60kg喷施。

烟雨濛濛月季园

日本岐阜县瑞穗市花节纪念公园内，远处英木苍苍，中间缓坡上月季花开正旺，平面与立体结合，平整与起伏结合，构成园内迷人画卷。

7月

07

7月份为一年中天气最为炎热的月份，全国大部分地区的月平均气温在26～27℃之间，此时降雨多、光照强、温度高，常有持续的高温天气和伏旱出现。

1．盆栽月季的栽培管理

本月多雨、高温及伏旱天气交替出现，月季生长受挫，应密切注意天气变化，最大程度确保盆栽月季正常生长。

①盆栽月季的水分管理

盆栽月季摆放区域雨水过大时必须及时排出，以防涝害发生。如遇35℃及以上晴热天气，应及时喷水降温，但单位面积喷水时间不宜过长，一般以淋湿不积水即可，否则可能引发黑斑病。干旱时，决不可待干透时浇水。

②盆栽月季的养分管理

根肥施用

见3月，每10天施用1次。

叶肥施用

见3月，一般可施用2～3次，花期禁施。遇中到大雨后应追施1次。

③盆栽月季基质的补充

受长期人工浇水和雨水冲刷等因素的影响，其盆栽基质或多或少均有不同程度的流失，此时应用事先准备好的基质进行补充追加，其基质配比可参考2月“盆栽月季基质配制”。

④盆栽月季的除蘖

见4月。

⑤盆栽月季的其他管理

见6月。

2．露地月季的栽培管理

最大程度地确保露地月季大雨能排涝，干旱能浇水，高温能降温，同时确保施用1次根肥并多次施用叶肥，以利度过不利的生长月份。

①露地月季的水分管理

本月阴雨与晴热天气交替出现。遇降雨过大时应及时排涝，高温晴热天气，应在植株萎蔫之前浇水。

②露地月季的养分管理

根肥施用

应在本月5～10日进行。这是继3月以来第二次施用根肥，详见3月。

叶肥施用

详见3月。可施用2～3次，花期禁施，大雨后应追施1次。

③露地月季的松土

应尽快抓住机会，在晴热天气松土，蒸发多余水分，以利预防黑斑病。详见4月。

④露地月季的除蘖

详见4月。

3．盆栽与露地树状月季的栽培管理

本月盆栽与露地树状月季养护重点为养分管理与除蘖。本月雨水频多，养分流失速度加快，盆栽树状月季根肥施用不得少于三次，详见3月，每10天施用1次。露地树状月季根肥的施用应在本月5～10日期间完成。另外，无论盆栽还是露地树状月季，均要每7～10天除蘖1次，将养分集中到树冠上。详见4月。

4. 月季夏季扦插繁殖

①扦插基质与配比

月季扦插基质多种多样，通常使用的有细黄沙、珍珠岩、草碳土、蛭石、碳化稻壳等，除细黄沙之外，其他4种基质共同的特点是透水与保水，并具有一定的养分，有利于生根，故采用这4种基质作为扦插基质较为普遍，基质可以为其中一种单一基质，例如全草碳土、全碳化稻壳等。也可以为其中几种混合如1：1的草碳土和碳化稻壳，或配方为草碳土：碳化稻壳=5：5、蛭石：草炭土：碳化稻壳=2：6：2、珍珠岩：草炭土=2：8的配比，均匀混合后备用。

②扦插苗床的准备

选择充分采光、地势平坦且能防涝的地块进行扦插苗床的制作，以临时性苗床为例，材料可采用普通红砖、矿渣砖或宽度不低于20cm、厚度不低于2cm的木板均可。以红砖为例，单砖平码三层（干砌或用黄泥砌筑），最终制成净宽100cm，净高不低于20cm，长度不限的扦插苗床。然后将配比好的扦插基质倒入苗床并用铁质或木质刮板刮平，刮平后的基质厚度不低于18cm。

③扦插条的选择处理与扦插操作

通常情况下，插穗以完全木质化的当年枝条为最佳，其直径不低于0.3 cm，长度不少于3个腋芽，并在腋芽以下0.5～0.7cm处呈45°角剪下。剪下的插条每根一般保留1～2枚叶片。在插条插入苗床前应对插条蘸生根粉，目的是促进插条生根。经过长期筛选可用以下药剂配置。

吲哚丁酸速蘸法

将吲哚丁酸按0.1%～0.5%的比例与滑石粉充分混匀，随即将剪取的插条（区分品种）剪口蘸粉并迅速进行扦插。

吲哚丁酸速浸法

将吲哚丁酸用50%的酒精稀释成0.1%～0.2%的溶液，将插条浸进溶液1～2cm，经1～3秒钟后取出，迅速进行扦插。

扦插时，应由南向北扦插，其株距为2～2.5cm，行距为3～4cm，其扦插深度一般为插条长度的1/3。每扦插30分钟，应喷透水1次，待每单个苗床扦插完毕后再喷透水1次。

④扦插后的养护

插后养护主要有人工喷灌及全光照自动喷灌两种方式。

人工喷灌

扦插结束后，两次透水后，每隔1小时喷雾化水1次。如遇阴天可2～3小时喷雾1次，以叶片刚刚着水为宜，入夜免喷。扦插第12天后，喷雾次数改为每2～3小时喷雾1次。一直到生根后喷雾次数递减，以苗床基质湿润为宜。55～60天即可移栽，无需遮阳网。

全光照自动喷灌

苗床扦插作业结束后，应立即安装调试全光照自动喷灌装置，喷头安装一般以悬挂方式为主，因喷头规格不同、水压不同等因素，故喷头之间的安装距离可依具体实际灵活掌握，但必须以全苗床均能着水为准。扦插后的前12天应将自动喷灌装置调至每30分钟自喷10秒钟，如遇阴天可调到每1～2小时自喷10秒钟，入夜免喷。12天后调整为每90分钟自喷10秒钟，如遇阴天可调至每3小时自喷10秒。生根后喷雾次数递减，以苗床基质湿润为宜。55～60天后即可移栽。

5. 蔷薇扦插繁殖

蔷薇是嫁接月季的砧木，本月上中旬是蔷薇夏季扦插繁殖的最佳时节，高温高湿使插条生根迅速，成活率高。蔷薇扦插苗床制作基质配比、扦插条的处理、扦插操作以及扦插后喷灌方式与月季扦插基本相同，所不同的是蔷薇插条的直径应在0.4～0.8cm之间，过细或过粗不利于嫁接成活。另外，苗床边框高度为24cm，基质的摊铺厚度不少于20cm，插条的截取长度均为15cm，其剪口均呈45° 角，扦插深度6cm。

6．长干蔷薇的扦插繁殖

长干蔷薇扦插繁殖是为树状月季嫁接提供砧木准备，长干蔷薇苗床制作基质配比、扦插条的处理、扦插操作以及扦插后喷灌方式等与月季扦插基本相同，所不同的是，苗床基质的摊铺厚度远厚于月季和普通蔷薇的摊铺厚度。长干蔷薇插条长度一般为50cm、80cm和100cm，基质摊铺厚度和扦插深度依次为30cm，插深17cm；摊铺厚度40cm，插深22cm；摊铺厚度40cm，插深28cm。扦插角度均为80° ，斜面朝阳。

7．病虫害防治

①病害防治

黑斑病

属世界性病害，凡月季、玫瑰栽植区域均有发生。多由半知菌亚门放线孢子属真菌引起。叶片嫩枝和花梗都可受害，以叶片受害为重。病斑通常出现在叶片正面，初为放射形丝状斑，扩大后呈圆形至近圆形斑，边缘有放射状细丝，不断向外扩展。病斑直径1.5～13mm，深褐至黑色，后期中间颜色变浅。病斑周围有黄色晕圈，病斑之间可相互连接，引起叶片大面积变黄，有时病斑出现绿色外缘，病叶易脱落，严重时植株中下部叶片全部脱落，仅剩枝干顶部叶片，也有少数品种的叶片不易脱落。不同月季品种存在抗病性差异，一些叶片厚、叶表光滑，株形扩张的品种较抗病。病菌在其土壤、枝叶上均可越冬，借风雨或溅水传播，因此，多雨、多雾、多霾天气及叶片沾水过多，有利病菌入侵。

防治可用以下方法

园艺防治：清除落叶杂草、剪除病枝以及过密枝叶，加强通风采光，尽量降低空气湿度，抓紧在晴好天气松土，最大程度蒸发土壤过大水分，人工浇水时应尽量避免叶片沾水等。

百菌清：百菌清具有保护和治疗作用，杀菌广谱，每亩用75%可湿性粉剂100～150g，加水50kg喷雾。

多菌灵：广谱性杀菌剂，具有保护和治疗作用，每亩可用50%可湿性粉剂50g，兑水100kg喷雾。

②虫害防治

月季叶蜂

别名黄腹蜂、蔷薇叶蜂，危害地域广泛，四川、福建、广东、山东、安徽、青海、陕西、河南、河北、湖南、湖北等地均有分布，危害对象主要为蔷薇科蔷薇属植物。其雌成虫体长约7mm，翅展约17mm，头、胸、足蓝黑色，有光泽。雄成虫与雌成虫相似，体长6～8mm，翅展约17mm，一年发生两代，5～6月羽化成虫后在月季新梢部位刺成纵向裂口进行产卵，7～8月完成孵化，进入幼虫危害期，危害严重时数十只幼虫群集于叶片上疯狂啃食，有时可将叶片吃光啃净而只留叶脉。

防治可用植物：

氰戊菊酯 ：又名（速灭杀丁、杀虫菊酯、杀灭菊酯、戊酸氰醚酯、中西杀灭菊酯、敌虫菊酯、速克死）。氰戊菊酯具有强烈的触杀、胃毒和驱避作用，杀虫广谱，击倒性强，持效期7～10天。每亩用20%乳油20ml，兑水50kg喷施。

月季巾夜蛾：详见6月。

夜幕下的莱州城

月季宝塔造型在霓虹闪烁的莱州夜晚更加美丽动人。

赶花潮的人们

2006年5月，在日本大阪举办世界月季大会。在大阪鹤见绿地公园举办的月季花展中，来自世界各地的参会代表与游客摩肩接踵争相欣赏。

8月

08

本月主要为多雨高温和伏旱天气。

1．盆栽月季的栽培管理

本月的天气与上月极为相似，随着下旬气温逐渐下降，盆栽月季趋于正常生长，应抓住这一有利时机，加强水肥管理及病虫害防治，提高生长量。

①盆栽月季的水分管理

同7月。

②盆栽月季的养分管理

根肥施用

同3月。

叶肥施用

同3月，可施用2～3次，花期禁施。大雨后应追施1次。

③盆栽月季的除蘖

见4月。

④盆栽月季的松土

见4月。

2．露地月季的栽培管理

露地月季与盆栽月季一样，应克服高温多雨等因素影响，确保植株在本月的生长量，同时减轻病虫害的发生和蔓延，迎接凉爽天气的到来。

①露地月季的水分管理

密切关注天气变化，灵活掌握浇水时机，浇水前耕作层水分持续蒸发一般不能超过100小时。排涝前植株积水一般不能超过5小时，否则，极易出现涝害或黑斑病大爆发。

②露地月季的养分管理

根肥施用

上月施用的根肥在本月高温高湿的作用下，其肥效充分释放，可使枝叶生长更健壮，减轻病害的发生。

叶肥施用

一般情况下每10天施用1次，大雨后应追施1次。详见3月。

③盆栽月季的除蘖

见4月。

④盆栽月季的松土

两次中到大雨后或两次人工浇水后的2～3天进行，详见4月。

3．月季与蔷薇扦插苗的露地移栽与上盆

方法详见3月。

①月季扦插苗的露地移栽

详见3月。

②月季扦插苗的上盆

详见3月。

③蔷薇扦插苗的露地移栽

方法与3月“月季扦插苗的露地移栽”相同。有所不同的是，如果移栽是以嫁接为目的的，株距最短为5cm，最长为10cm，以预留足够的生长空间。所植扦插苗一律倾斜80°角，斜面朝阳备用。

④蔷薇扦插苗的上盆

与3月月季扦插苗的上盆相同，所不同的是上盆后扦插苗一律倾斜80°角，盆株

摆放时斜面朝阳备用。

4. 嫁接繁殖

本月下旬气温总体呈下降趋势，对嫁接繁殖有利，尤其是以下两种嫁接方法适宜在较凉爽气温条件下进行，故应抓住短暂的有利时机繁殖生产，使其入冬前枝条木质化并有一定的生长量，两种嫁接方法适宜露地移栽与盆栽。

①带木质嵌芽接

在其斜面（阳面）距地面或盆土3～4cm处，用专用单刃嫁接刀片切下长1.5cm的盾形切口（略带木质），然后照此规格在穗条上选取充实饱满的接芽嵌入刚刚切好的砧木切口上。用弹性适中、宽度1cm的无色透明或白色塑料带自上而下环环相扣绑缚牢固（露出接芽），其松紧度要适中。此法操作简便、快捷，成活率较高，但要求动作娴熟准确，切口取芽等环节应一步到位。

②T字形嵌芽接

在其斜面（阳面）距地面或盆土3～4cm处，用短刃竖刀横切一刀，约0.5～0.8cm宽，其深度刚及木质部，再于横切口中部竖直切一刀长1.5cm，使皮层形成T字形开口备用。然后在穗条上选取充实饱满的接芽，在接芽上方0.5～0.8cm处横切一刀，深度刚及木质部，再用竖刀从横切口的两端纵切两刀，形成一块方形接芽，并用竖刀完整取下接芽，迅速嵌入刚刚切好的T字形切口内，嵌入后进行微调，随即绑缚牢固（露出接芽），其绑缚材料、方法与上述一致。

5. 长干蔷薇扦插苗的露地移栽与上盆

①长干蔷薇扦插苗的露地移栽

起苗方法、药液处理等与3月月季扦插苗的露地移栽相同，不同的是株行距均为30cm，要求横平竖直，并以土埂畦种植为佳。

②长干蔷薇扦插苗的上盆

与3月月季扦插苗的露地移栽略有不同的是，本扦插苗应使用桶形盆上盆并直立种植。其桶形盆规格为高度35～40cm，内径20～25cm，其材质以素烧瓦盆或陶盆为佳。

6. 长干蔷薇扦插苗的嫁接繁殖

长干蔷薇的嫁接是培育树状月季的重要手段之一。嫁接选取的品种、接芽的优劣、嫁接点的选择以及养护水平等都是能否最终形成比较优美匀称树冠的重要保证。

另外，无论何种嫁接方法，其嫁接点真正生长牢固并能抵御风雨一般需要2～3年时间。嫁接繁殖以带木质嵌芽接为宜，其方法等与普通砧木嫁接无异，略有不同的是在长干蔷薇的顶端下方20cm长度内呈品字形嫁接，此法日后可形成匀称优美的树冠。

7. 盆栽与露地月季的促花管理

本月盆栽与露地月季的促花管理，目的是为9月底至10月初的国庆活动提供开花的月季。就华北、华东、华中、西北中东部等地区而言，本月中下旬即8月15～22日应采取修剪、摘蕾、施肥（根肥与叶肥）、基质补充、温控等措施，以达到按计划的日期开花的目的。

①盆栽月季促花管理

修剪

以3年生盆株为例，一般以中度修剪为主，要求修剪后枝叶匀称、姿态优美、方向合理、高度适宜。

摘蕾

如果株龄较小、生长量不足植株不适合修剪，可直接采取摘蕾方法控制花期，无极端天气情况下，一般应于9月2日～5日之间停止摘蕾，以留充足时间坐蕾开花。

基质补充与施肥

补充疏松性基质，满足生长基本需求，同时每隔7～10天施一次根肥，新芽发出和展叶后每7～10天施一次叶肥。

②露地月季促花管理

修剪

以3年及以上植株为例，一般只做中度或轻度修剪，以轻度修剪为主，要求修剪后枝叶匀称，留枝合理。

摘蕾

如欲保留全部枝条用于冬季扦插嫁接繁殖，则可不修剪，直接采取摘蕾方法控制花期，无极端天气情况下，一般应于9月2日～5日之间停止摘蕾，等待花开。因各地温差、海拔纬度以及养护水平等复杂原因，停止摘蕾的具体时间需不断实践总结。

施肥

因7月已施足根肥，其肥效充分发挥。只在开花之前施用3次叶肥即可。

8．病虫害防治

①病害防治

黑斑病

本月因雨季尚未结束，因此病害防治重点仍是黑斑病。如果盆栽与露地月季需要促花，更需严控黑斑病发生和蔓延。

②虫害防治

黄刺蛾

全国大部分地区均有分布。主要以初孵幼虫先取食于叶的下表皮和叶肉，仅留剩上表皮，五龄以后再吃光整叶仅留叶脉，严重影响花木生长。成虫雌蛾体长15～17mm，翅展35～39mm，雄蛾体长13～15mm，翅展30～32mm。体橙黄色，触角丝状棕褐色。前翅黄褐色，后翅灰黄色。卵呈扁椭圆形，成薄膜状，长14～15mm，淡黄色，卵膜上有龟甲状刻纹。幼虫虫体粗短肥大，老熟幼虫体长19～25mm，头部黄褐色，隐藏在前胸下，胸部黄褐色，体自第二节起，各节背线两侧均有1对枝刺，以第二、第四、第十节上的枝刺最大。枝刺上有黑色刺毛。体背有紫褐色斑纹，前后宽大，中部狭细，呈哑呤形。发生规律以老熟幼虫在树干缝隙或枝梗上结茧越冬；成虫分别在5月下旬和8月上中旬出现，成虫有趋光性，在叶末端背面，卵散生或数粒在一起，卵经5～6天孵化，7月幼虫老熟时先吐丝缠绕枝干。后吐丝和分泌黏液结茧，新一代幼虫于8月下旬以后大量出现，秋后在树上结茧越冬。

防治可用以下方法。

园艺防治：根据其结茧习性，在被害株根际附近表土层中挖掘虫茧，集中烧毁。

物理防治：悬挂黑光灯诱捕成蛾。

药剂防治：幼虫危害期可喷施90%晶体敌百虫1000倍液或40%禾斯本乳油15000倍液，或50%杀螟松乳油1000倍液。

灵动水景添异彩

新西兰北帕莫斯顿的都盖尔德·麦克肯兹月季园内，水景的配置使整个园区景色充满生机灵动与活力，成为月季园不可缺或的重要园林元素。

单朵瓶插也风流

2009年6月，加拿大温哥华举办世界月季大会。期间展出的各种瓶插月季琳琅满目令人目不暇接。

9月

09

温度逐渐下降，冷空气开始活跃，多秋雨天气，秋季开始。

1. 盆栽月季的栽培管理

本月月季进入第二个旺长时期。月季抽生新枝叶，坐蕾并开花，然而这一时期在北方地区十分短暂，故应抓住机会，加强水肥管理，在一年中最后的生长阶段，最大程度地促进生长提高生长量。

①盆栽月季的水分管理

本月尤其是下旬气温逐渐下降，盆土水分蒸发日益减缓，可视具体情况相应减少水分，浇水时以湿润为佳。如遇阴天，盆土不干可隔日浇水。

②盆栽月季的养分管理

北方地区一般本月中旬（15日）以前可施用根肥2次，叶肥1~2次，中旬以后停止施用。气温比较高的地区全月可施用根肥3~4次，叶肥2~3次。大雨后应追施1次。

③盆栽月季的除蘖

月季快速生长的同时，蔷薇蘖芽蘖枝也在快速生长，应每7天剔除1次，把养分集中在月季生长上。

④盆栽月季的松土

见4月。

2. 露地月季的栽培管理

本月露地月季也进入第二个旺长时期，这一时期应特别强调水肥管理及病虫害防治，不能因旺长时间短暂而轻视养护，一旦水肥没有及时补给及病虫害防治，尤其是黑斑病的防治，之前的养护和景观效果很可能在短时间内荡然无存，而且几乎是不可逆转的。

①露地月季的水分管理

与盆栽月季相同。

②露地月季的养分管理

根肥施用

7月施的根肥仍然发挥作用。

叶肥施用

详见3月。值得注意的是本月的下旬后期因受花期促控的原因，花开比较集中，故这一时段禁止施叶肥。同时，北方地区露地月季的叶肥施用期也至此结束。

③露地月季的除蘖

及时剔除，否则影响翌年春季首季花枝叶的繁茂与花开数量质量等。

④露地月季的松土

本月处于雨季和雨季结束时段，前期土壤水分含量仍然较大，故不能轻视松土这一重要养护环节，应抓住晴好天气及时松土（非黏重的疏松性基质土除外），详见4月。

3. 露地月季扦插苗与嫁接苗的栽培管理

本月应加强两种幼苗的栽培管理，提高木质化程度，以抵御10月中下旬到来的秋寒和早霜，也为安全越冬作准备。

①露地月季扦插苗的栽培管理

根肥施用

可采用穴施、条施和撒施方法，穴施和条施时，其深度不得伤及幼苗根部，施用后及时覆土浇水，以流水作业为佳。采用撒施方法施用时，要求撒施均匀并及时

耧土以便肥料混入土中，浇水前先用清水喷淋叶片，清洗肥料粉尘，然后浇水。详见3月相关内容。

叶肥施用

每7～10天施用1次，中到大雨过后应追施1次。详见3月相关内容。

②露地月季嫁接苗的栽培管理

根肥施用

见3月。

叶肥施用

每7～10天施用1次，大雨后应追施1次。详见3月。

4．盆栽月季扦插苗与嫁接苗的栽培管理

本月应加强两种幼苗的栽培管理，充分抓住短暂的生长适温，提高木质化程度及生长量，减轻或避免病虫害发生及蔓延。

①盆栽月季扦插苗的栽培管理

根肥施用

详见3月。

叶肥施用

每7～10天施用1次，中到大雨过后应追施1次。详见3月。

②盆栽月季嫁接苗的栽培管理

根肥施用

详见3月。

叶肥施用

每7～10天施用1次，中到大雨过后应追施1次。详见3月。

5．露地与盆栽树状月季嫁接苗的栽培管理

露地与盆栽树状月季嫁接苗实际上都是树状月季的幼苗期，只是种植方式不同，由于嫁接时间不长，树冠尚未形成，其嫁接生长点尚未牢固。本月虽然进入一个旺长期，但十分短暂，因此要抓住这一宝贵时期，加强水肥管理，在下月早霜前，使嫁接生长点愈合牢固，抽生的枝条木质化。

①露地树状月季嫁接苗的栽培管理

根肥施用

可采用穴施、条施和撒施。值得注意的是如果撒施，应尽量压低撒施高度，以避免肥料粉末落在叶片。详见3月。

叶肥施用

每7～10日施用1次，大雨后应追施1次。详见3月。

除蘖

观察表土，枝干及嫁接生长点周围有无蔷薇蘖芽蘖枝，一经发现及时剔除。

②盆栽树状月季嫁接苗的栽培管理。

根肥施用

详见3月。

叶肥施用

每7～10日施用1次，大雨后应追施1次。详见3月。

除蘖

见本月露地树状月季嫁接花管理。

6、病虫害防治

①病害防治

枝枯病

枝枯病防治见6月。

叶枯病（别名蔷薇叶点霉）

由腔孢纲球壳孢目病菌引起，病原菌多在叶缘或叶片尖端侵染，导致叶片出现黄色斑点，并不断向内扩展为不规则大斑，使叶片失绿黄化致干枯脱落。高温高湿的7～9月为严重危害期。

防治可用以下方法。

园艺方法：及时清除病叶，消灭病原，有效控制病情扩散。

黑斑病

见7月。

白粉病

见4月。

②虫害防治

斑须蝽

此虫全国各地均有分布，危害月季、蔷薇等花卉，花蕾和嫩枝是主要侵害部位，利用口器刺吸汁液，有时会有少量汁液渗出，导致花朵变形。成虫长8～13mm，紫褐色，密布细毛和黑点，卵圆筒形。若虫初期头部黑色，末龄若虫暗灰褐色，触角黑色。11月中下旬成虫入土越冬。

防治可用以下方法。

园艺方法：黑光灯诱捕成蛾。

药剂防治：与月季长管蚜的防治方法一样，见4月。

高效氟氯氰菊酯：高效氟氯氰菊酯具有触杀和胃毒作用，无内吸和熏蒸作用，杀虫广谱，速效性强，持效期长。作用于昆虫神经轴突，可引起昆虫极度兴奋、痉挛和麻痹，最终神经阻塞而死亡。每亩用2.5%乳油25～35ml，兑水50～60kg喷施，效果良好。

除此之外，还可参考4月月季长管蚜的药剂防治方法。

月季长管蚜

见4月月季长管蚜药剂防治。

人间六月花色浓

加拿大温哥华月季园中心花坛为几何设计，内植月季高于地面，其边缘嵌植绿篱，游人漫步其间如临仙境一般。

10月

冷空气加强，有较强冷空气侵袭，逐步进入冬季。

1．盆栽月季的栽培管理

盆土水分蒸发量进一步减少，逐渐停止生长，花开持续至霜降，本月后期即将或已进入冬季扦插繁殖时段。

①盆栽月季的水分管理

由于气温不断下降，使盆土水分蒸发更加缓慢，浇水次数和每次浇水量应灵活掌握，以20cm×20cm规格的盆株为例，每浇水1次可维持2～3天，以盆土湿润半湿润为佳。

②盆栽月季的养分管理

由于气温不断下降，养分吸收基本停止，根肥叶肥停施。

2．露地月季的栽培管理

由于气温不断下降，一年的生长期基本结束，良好的养护条件下，植株枝条基本木质化，符合扦插繁殖的条件，此时除适时浇水外，还要重视病虫害的防治，切忌将其带到冬季扦插繁殖的环节。

①露地月季的水分管理

耕作层的水分蒸发量进一步减少，但不能大减浇水次数，毕竟有的地区秋旱严重，更何况本月后期已进入冬季扦插繁殖时段，为使成熟枝条富含水分，提高扦插成活率和成活质量，故应适时浇水，至扦插繁殖期内，表土仍以湿润半湿润为佳。

②露地月季的养分管理

7月施用的根肥逐渐被分解吸收。因为温度不适宜，养分吸收基本停止，根肥叶肥停施。

3．月季冬季扦插繁殖

本月中下旬至11月为冬季扦插繁殖的黄金季节，冬季扦插具有温度低、插条常温保鲜时间长，插条木质化程度高，腋芽饱满，扦插耗时长但节气允许等特点，这都是夏季扦插所不具备的。

本月扦插时一般在立冬前后，应按照该地区天气情况、生产面积、地形地貌、建设材料、企业实力等具体实际因地制宜地建好保护地，使扦插幼苗方便养护和安全越冬。保护地有砖混温室、现代化智能温室、塑料大棚、阳畦等多种形式。冬季扦插繁殖的基质配比、苗床制作、插条的选择、扦插操作、扦插后的养护以及蔷薇扦插繁殖、长干蔷薇扦插繁殖等基本与7月的扦插繁殖相同。扦插后的环境温度以日温18～22℃、夜温不低于5℃、湿度50%～80%为宜。扦插保护地如果没有人工增温和地温则无需作生化处理（灭菌灭虫除外），也无需定时喷雾，一般情况下只需在扦插结束后，一次性将苗床插条以喷淋方式浇透即可。如遇特殊情况可适当补水。

4．月季的冬季嫁接繁殖

①带木质嵌芽接

见8月。

②T字形嵌芽接

见8月。

③无根砧木嵌芽接

无根砧木嵌芽嫁接是指在木质化的蔷薇插条上将月季嫁接之后再扦插。插条长度15cm，剪口呈45° 。这种方式适合亲和力强，嫁接成活率高的白花无刺蔷薇和粉团无刺蔷薇等品种。其嫁接可采用带木质嵌芽接和T字形嵌芽接等多种方法，嫁接后扦插株行距最密距离为5cm×5cm。其环境温度与湿度与上述扦插一致。

5．入冬前的准备工作

①砖混温室

彻底清理温室内杂草杂物，平整场地，修缮损毁部位，选择无风晴好天气扣罩塑料薄膜，并用压膜线按压牢固，然后采用配比浓度较高的药物对地面进行全面彻底的消毒。灭菌药物可选用代森铵，灭虫药物可选用溴氰菊酯、三氯杀螨醇。作业人员做好防护后从温室最里面边退边喷施，喷施时应将地面喷湿喷透，喷施结束后迅速封闭温室所有门窗及通风口，封闭时间为24小时。

②塑料大棚

塑料大棚一般由竹、木、铁制、水泥等材料构成，方便实用，塑料薄膜扣罩后形成四面透光的保护地。其棚内作业同砖混温室。

③阳畦

阳畦是我国许多地区传统的越冬保护地，具有保温保湿、采光好等特点，特别适宜盆栽成株月季、盆栽月季幼苗（扦插苗或嫁接苗）及苗床扦插苗等的越冬。其制作规格应以具体实际灵活掌握，一般情况下可参考以下规格。

用于扦插的苗床

宽度90～120cm，净深度45cm，畦内摊铺扦插基质厚度为18～20cm。

用于摆放盆栽成株月季

宽度90～120cm，净深度60～80cm。

用于摆放盆栽月季幼苗（扦插苗或嫁接苗）

宽度90～120cm，净深度50～60cm。

以上三种不同规格的阳畦，北侧土坯墙高度宽度均为20cm，东西两侧土坯坡墙北侧高度（最高处）20cm，南侧（最低处）5cm，宽度20cm。其长度按具体实际灵活掌握。阳畦初步制作完毕后还应用挖掘出的原土与稻草搅拌合泥，抹于阳畦立面，以起稳固作用。最后准备阳畦覆盖材料，如粗竹竿、木龙骨、铁丝、塑料薄膜等。在摊铺扦插基质之前，或摆放盆株并浇水之后，可对其进行一次全面彻底的消毒。所用药物同①砖混温室。

④假植沟

假植沟为冬季越冬的临时储藏方式，简便易行、经济适用，冬季在防寒材料苫盖较厚的条件下，月季盆株或裸根苗均可安全过冬。其制作规格应依具体实际灵活掌握，一般情况下可参考以下规格。

用于盆栽月季成株（多用于一般成株或较大成株粗剪后）

宽度90～120cm，深度60～80m。

用于裸根成株（多用于扦插或嫁接成株粗剪后）

宽度90～120cm，深度70cm。

以上两种假植沟的长度灵活掌握。

⑤防寒材料

本月应提前准备充足的越冬防寒材料，以应对漫长寒冷的冬季，这些材料包括草帘、木屑、树叶、棉毡、无纺布、塑料薄膜、庄稼秸秆以及其他防寒材料等。

人家院外吐芳华

洁白的院墙，宽大的花池，强健的植株，争相吐艳的花朵，勾勒出幸福吉祥的美丽画卷和主人追求闲情逸致与高尚情趣的独具匠心。

疑是红云天上来

藤本月季沿楼房外墙向上攀爬生长，最高生长点已抵三层的窗户，满树的红花，让观者醉在其中。

11月

天气渐冷，有较强冷空气侵袭，逐步进入冬季。

1．保护地月季的栽培管理

扦插苗床苗、盆栽成株、盆栽扦插幼苗嫁接苗、盆栽树状月季及裸根苗等，本月均应进入保护地越冬，进入保护地之前应对各种各类月季进行修枝剪叶、补充基质、品类区别、挂牌记录等工作。进入保护地后及时浇水消毒，封闭24小时后通风换气，降低温度。保护地悬挂温湿度计，日温保持在18~22℃，夜温不低于5℃，湿度50%~80%，当夜温降至-3℃，阳畦、假植沟应覆盖单层草帘、棉毡等防寒材料，以后只要天气晴好就应通风采光，具体操作方法：9：30～10：00之间从阳畦或假植沟两侧将防寒材料向中间卷起，15：30～16：00之间复位压实。两天后从中间向两侧卷起，并周而复始地进行，其目的是防止因防寒材料卷起后总是固定在一个位置导致下面的月季植株因长期得不到采光而发生霉变。当夜温降至-5℃时，砖混温室开始启用草帘或棉毡等防寒材料。如果没有冰雪天气就应坚持通风采光，一般情况下9：00～15：00为通风采光时间。保护地内以一冬不发芽为佳。

2．露地月季的栽培管理

露地月季应在土地封冻之前按顺序做好以下工作：

a、枝条扦插后进行一次粗剪，然后浇水，隔3～5天后苫盖防寒材料。

b、选用棉毡、无纺布、塑料薄膜为防寒材料（可任选其一或全部）。以行为单位，搭建长方形的木质或竹制龙骨架，架高略过修剪后的植株高度，架宽略过修剪后的植株宽度，搭建完毕后将防寒材料扣罩于整个龙骨架上，周围用重物如圆木、原土或石块等压边，以不留缝隙为佳。

c、以木屑、树叶等细碎性防寒材料（可任选其一或全部）堆置植株的枝杈之间及四周，要求堆置均匀、充实、厚重。

d、以庄稼秸秆为防寒材料，可直接将庄稼秸秆纵向堆置于植株两侧，要求堆置均匀、厚重。

c和d两种防寒方式允许有少量枝条暴露在外，因为这一部分枝条翌春做精修剪时无论是活枝还是抽干均被剪除。

3．月季的冬季扦插繁殖

上月尚未完成的扦插繁殖本月可继续进行。因各种原因使插条提前剪离母株的，可避光沙藏或冷库暂存，温度控制在7℃左右，但时间不宜过长，应在10天内扦插完毕。

4．月季的冬季嫁接繁殖

上月尚未完成的各种嫁接繁殖本月可继续进行。因各种原因使穗条提前剪离母株的，可避光沙藏或冷库暂存，温度控制在7℃左右，但时间不宜过长，应在15～20天内嫁接完毕。

5．灾害天气防范措施

本月秋冬更迭，冷空气、冰雪大风频繁交替来袭，应做好防范工作，以确保月季安全过冬。

a、成立灾害天气处置小组，制度措施上墙，领导责任到人。

b、密切关注天气预报，提前做好思想和物质准备。

c、提前查看温室大棚等压膜线有无松懈；温室两侧墙头塑料薄膜镇压是否牢固，有无破损等。夜间大风来袭时除查看

温室大棚外还要查看阳畦假植沟等防寒材料是否掀起或错位。

d、冰雪来袭时及时组织人力物力清除保护地冰雪，确保保护地不被压弯、压塌而免遭损失。

古榆展臂万花开

莱州中华月季园，正门内一株历经沧桑的古榆树，挺拔茁壮枝繁叶茂，树下牵牛花与各色月季竞相绽放。绝佳的配植设计，构成园内最美的景点之一。

12月

本月我国绝大部分地区进入冬天，天气寒冷干燥。本月月季养护重点是保温防冻。

1. 保护地月季的栽培管理

自启用防寒材料之日起，除冰雪天气外，保护地应坚持通风采光，如砖混温室其通风口宽度可控制在20～25cm，阳畦通风口宽度则控制在5cm左右，保护地通风口的宽度应依据实际情况灵活掌握。通风口复位时间与防寒材料复位时间一致。总之，白天通风采光降温，夜晚保温防冻。

2. 露地月季的栽培管理

本月天气一天比一天冷，此时应探查防寒材料下方表土有无冻结现象，如发现问题应及时加盖防寒材料，冻结的时间越长冻土就越厚，对植株安全越冬威胁就越大。露地月季越冬以没有冻害为最低标准。

月季吐艳胜锦绣

新西兰北帕莫斯顿市的都盖尔德·麦克肯兹月季园，设计科学精美，植株生长健壮，花开绚烂夺目。整个园区风光旖旎，令人流连忘返。

生命礼赞

作品的底座为西洋式花器，主体花艺材料为橙黄及深色月季，其他材料为百合等草本花卉，各色月季组成大小不一位置不一的球形体，被粗壮而弯曲树干连接，作品体量高大华丽而优美。

异国客人欢迎你

在德国图林根州乡村一年一度的月季节上，本书作者与遴选出的月季小姐合影。

洁白的月季颂和平

在日本驻卢森堡大使馆内举办的月季新品种命名仪式上，日本驻卢大使健步和仁先生（左侧中间者）与卢森堡月季协会秘书长维用先生（右侧）等共同揭开盖在洁白月季花上的黄色纱巾，将仪式推向高潮。

清水浇开和平花

在卢森堡首都，卢森堡大公夫人在月季新品种命名仪式上，在几十位国际月季专家的注目下，兴致勃勃地将玻璃瓶内的清水浇灌在盛开的月季中，让和平之花更加美丽。

万花开在绿荫间

被世界月季协会命名为世界优秀月季园的德国巴登巴登月季园，翠绿的草坪上丛丛月季在明媚的阳光下，绽开娇艳的花朵，静静的等待着前来欣赏的人们，花丛四周被葱茏的群山、茂密的森林还有清新的空气所包围，人工与自然环境浑然天成。

月季
栽培养护月历及名品鉴赏
YUEJI ZAIPEI YANGHU YUELI JI MINGPIN JIANSHANG

月季名品鉴赏

YUEJI MINGPIN JIANSHANG

中国月季

(China Roses) CH

中国月季是我国历史品种，属古老月季范畴，是传统文化和花卉文化的重要组成部分，是古代劳动人民改造自然、美化自然，追求精神享受，丰富内心世界的重要载体。更折射出古代劳动人民的无限创造力和聪明才智。

在过去的二三百年间，由于中国古老月季与欧洲月季的大融合，有力推动并发展了现代月季种群。“在现代月季的血液里流淌着中国古老月季一半的血液”，这是西方月季界对中国古老月季的高度评价。光阴荏苒，岁月流逝，由于多种因素的共同影响，中国古老月季绝大多数活体早已灰飞烟灭，永远消失在历史的长河中，如今有活体保留至今的更是凤毛麟角，屈指可数，可谓弥足珍贵，堪称月季中的活化石。

春水绿波 系列：CH

初开花色	白色	后期花色	白色	单朵花期	约6天	花形	卷边杯形
花径	10cm	花香	微香	花心	半露心	瓣数	半重瓣
瓣形	扇形瓣	花蕾形态	笔尖形	花萼形态	叶形萼	子房形态	漏斗形
花梗长度	短梗	花梗刚毛	无	嫩枝颜色	浅棕红色	成熟枝颜色	绿色
叶色	翠绿	叶面	平展	叶形	卵形	叶顶形	渐尖
叶光泽度	无光泽	叶基形	钝形	叶缘锯齿	粗锯齿形	刺体形态	斜直刺
刺体密度	多	刺体大小	小	枝条曲直	直	始花期	中
亲本		中国古老月季					

软香红　系列：CH

初开花色	紫红	后期花色	紫红	单朵花期	约6天	花形	高心翘角
花径	9cm	花香	淡香	花心	半露心	瓣数	重瓣
瓣形	剑瓣	花蕾形态	圆尖形	花萼形态	尖形萼	子房形态	漏斗形
花梗长度	短梗	花梗刚毛	无	嫩枝颜色	浅棕红色	成熟枝颜色	绿色
叶色	深绿	叶面	平展	叶形	卵形	叶顶形	渐尖
叶光泽度	无光泽	叶基形	截形	叶缘锯齿	细锯齿形	刺体形态	弯刺
刺体密度	多	刺体大小	小	枝条曲直	直	始花期	中
亲本		中国古老月季					

紫红香 系列：CH

初开花色	紫红	后期花色	紫红	单朵花期	约6天	花形	卷边杯形
花径	10cm	花香	浓香	花心	半露心	瓣数	重瓣
瓣形	圆瓣	花蕾形态	卵形	花萼形态	尖形萼	子房形态	漏斗形
花梗长度	短梗	花梗刚毛	无	嫩枝颜色	浅棕红色	成熟枝颜色	绿色
叶色	灰绿	叶面	平展	叶形	卵形	叶顶形	锐尖
叶光泽度	无光泽	叶基形	截形	叶缘锯齿	细锯齿形	刺体形态	平直刺
刺体密度	少	刺体大小	小	枝条曲直	直	始花期	中
亲本		中国古老月季					

桔瓤

系列：CH

初开花色	淡橙	后期花色	淡橙
单朵花期	约7天	花形	卷边盘形
花径	8cm	花香	淡香
花心	满心	瓣数	千重瓣
瓣形	圆瓣	花蕾形态	圆尖形
花萼形态	尖形萼	子房形态	漏斗形
花梗长度	短梗	花梗刚毛	无
嫩枝颜色	浅棕红色	成熟枝颜色	绿色
叶色	深绿	叶面	略皱
叶形	卵形	叶顶形	渐尖
叶光泽度	无光泽	叶基形	偏斜形
叶缘锯齿	细锯齿形	刺体形态	平直刺
刺体密度	少	刺体大小	小
枝条曲直	直	始花期	晚
亲本		中国古老月季	

金瓯泛绿 系列：CH

初开花色	浅粉泛青白	后期花色	淡粉	单朵花期	约7天	花形	裂心形
花径	10cm	花香	淡香	花心	多心	瓣数	千重瓣
瓣形	圆瓣	花蕾形态	圆尖形	花萼形态	羽形萼	子房形态	漏斗形
花梗长度	短梗	花梗刚毛	无	嫩枝颜色	棕红色	成熟枝颜色	绿色
叶色	深绿	叶面	平展	叶形	卵形	叶顶形	渐尖
叶光泽度	无光泽	叶基形	截形	叶缘锯齿	细锯齿形	刺体形态	平直刺
刺体密度	少	刺体大小	大	枝条曲直	曲	始花期	中
亲本		中国古老月季					

思春

系列：CH

初开花色	深粉	后期花色	浅粉
单朵花期	约5天	花形	卷边盘形
花径	10cm	花香	微香
花心	露心	瓣数	重瓣
瓣形	扇形瓣	花蕾形态	圆尖形
花萼形态	尖形萼	子房形态	杯形
花梗长度	短梗	花梗刚毛	无
嫩枝颜色	绿色	成熟枝颜色	灰绿色
叶色	中绿	叶面	平展
叶形	卵形	叶顶形	锐尖
叶光泽度	无光泽	叶基形	截形
叶缘锯齿	细锯齿形	刺体形态	平直刺 斜直刺
刺体密度	少	刺体大小	小
枝条曲直	直	始花期	中
亲本		中国古老月季	

映日荷花

系列：CH

初开花色	淡粉	后期花色	淡粉
单朵花期	约6天	花形	荷花形
花径	11cm	花香	浓香
花心	半露心	瓣数	半重瓣
瓣形	圆瓣	花蕾形态	圆尖形
花萼形态	尖形萼	子房形态	杯形
花梗长度	短梗	花梗刚毛	密
嫩枝颜色	浅棕红色	成熟枝颜色	灰绿色
叶色	灰绿	叶面	平展
叶形	卵形	叶顶形	锐尖
叶光泽度	无光泽	叶基形	截形
叶缘锯齿	粗锯齿形	刺体形态	弯刺
刺体密度	少	刺体大小	中
枝条曲直	直	始花期	中
亲本		中国古老月季	

金粉莲　系列：CH

初开花色	淡粉瓣背色深	后期花色	变淡	单朵花期	约7天	花形	荷花形
花径	10cm	花香	浓香	花心	露心	瓣数	千重瓣
瓣形	圆瓣	花蕾形态	圆尖形	花萼形态	尖形萼	子房形态	漏斗形
花梗长度	短梗	花梗刚毛	无	嫩枝颜色	浅棕红色	成熟枝颜色	绿色
叶色	翠绿	叶面	平展	叶形	椭圆形	叶顶形	锐尖
叶光泽度	半光泽	叶基形	截形	叶缘锯齿	细锯齿形	刺体形态	平直刺
刺体密度	多	刺体大小	小	枝条曲直	曲	始花期	晚
亲本		中国古老月季					

云蒸霞蔚

系列：CH

初开花色	淡粉色泛白	后期花色	变白
单朵花期	约8天	花形	卷边盘形
花径	8cm	花香	微香
花心	半露心	瓣数	重瓣
瓣形	圆瓣	花蕾形态	卵形
花萼形态	尖形萼	子房形态	漏斗形
花梗长度	短梗	花梗刚毛	无
嫩枝颜色	浅棕红色	成熟枝颜色	灰绿色
叶色	灰绿	叶面	褶皱 叶脉间突起
叶形	卵形	叶顶形	渐尖
叶光泽度	无光泽	叶基形	截形
叶缘锯齿	细锯齿形	刺体形态	平直刺
刺体密度	多	刺体大小	中
枝条曲直	曲	始花期	晚
亲本		中国古老月季	

绿萼 系列：CH

初开花色	绿色	后期花色	绿色	单朵花期	约10天	花形	绒球形
花径	6cm	花香	不香	花心	满心	瓣数	千重瓣
瓣形	剑瓣	花蕾形态	笔尖形	花萼形态	羽形萼	子房形态	杯形
花梗长度	短梗	花梗刚毛	无	嫩枝颜色	浅棕红色	成熟枝颜色	翠绿
叶色	翠绿	叶面	平展	叶形	阔披针形	叶顶形	渐尖
叶光泽度	无光泽	叶基形	钝形	叶缘锯齿	细锯齿形	刺体形态	平直刺
刺体密度	少	刺体大小	小	枝条曲直	直	始花期	中
亲本		中国古老月季					

现代月季
(Modern Roses)

现代月季为蔷薇科蔷薇属植物，有刺灌木植株，呈直立、半直立、攀援蔓生等多种生长形态，花有重瓣、半重瓣、单瓣之分，花色有白色、黄色、红色、橙色、朱红色、橘黄色、粉色、蓝色、二重色、复色、嵌合色等多种颜色。花形有高心翘角形、裂心形、平盘形、荷合形、卷边盘形等多种花形。果实成熟时为橙黄或橙红色。叶片是反映不同品种的重要特征与载体。叶片有褶皱、平展、粗糙，急尖、微凸、渐尖、披针、反折等多种不同表现形态。其色大致可分为淡绿色、绿色、深绿色、褐绿色、灰绿色。

栽培方面对土壤肥水条件不甚严格，但在规范的养护管理条件下品种特征更能充分表达。

现代月季在新品种研发与扩繁生产方面，在世界上呈现这样的格局：欧洲如法国、德国等立足本土研发新品种，而将扩繁生产（多以切花为主）移至非洲；日本立足本土研发新品种，大部分商品苗则依赖进口；美国也是立足本土研发新品种，而商品苗的扩繁也立足本国，除满足本国市场消费外，其余大量出口世界各地；我国新品种研发主要以专业研究部门为主，且为数稀少，民间个人研发由于综合因素的影响，更是凤毛麟角，但市场潜力巨大。

我国扩繁生产的区域主要有河南、河北、山东、江苏、陕西、辽宁等。扩繁方式主要以扦插、嫁接繁殖为主。主要产品有切花、盆栽、扦插幼苗、嫁接幼苗、成年株树状月季等。扩繁生产的品种以欧洲国家以及美国、日本等国的品种为主，以国内自育品种为辅。商品苗出口方面以欧洲国家以及日本等为主要出口目的国，其商品苗的出口规格有一般成年株及定型树状月季等，每年出口数量不等，以对方市场需求为转移。

现代月季在我国生产、应用以及举办各种会展、学术研讨活动的时间并不长，它是伴随着社会发展而逐步兴起的。目前以月季为市花的城市已达五十余座，月季产业前景广阔。

现代月季属于温带花卉，种群极其庞大，据不完全统计，目前已有22000～25000个品种之巨。这一庞大种群从起源形成到发展绝不是跨越式的，中间经历了数百年复杂而漫长的演化过程。由于年代久远以及品系演化极其复杂等综合因素，许多与现代月季亲缘关系密切的上游蔷薇演化过程已很难辨析，它们之间的亲缘关系复杂，都是成百上千次回交的产物。直至今日，任何一种现代月季品种均或多或少遗传了野生蔷薇、野生月季、中国古老月季等蔷薇科植物的基因。

杂交茶香月季
(Hybrid Tea Roses) HT

杂交茶香月季是构成现代月季的主体，无论品种、颜色、香味还是花形都极其丰富。该类型植株高大优美、枝茎粗壮强健、叶片硕大肥厚，其花色几乎囊括了花卉中的所有颜色，其花形多由高心翘角形、裂心形、平盘形、荷合形、卷边盘形等花形组成，有的品种沁香馥郁，有的品种清新淡雅。该类型主要由连续开花、花色丰富，具有新嫩茶香的中国古老月季以及欧洲的杂交长春月季经过反复杂交和回交而形成，其间历经数百年漫长而复杂的演化过程。1876年，欧洲培育出了具有里程碑意义的品种‘新天地’。这一棵植株最终被认定为新型月季即现代月季的第一株杂交茶香月季。1900年以后，该类型在其香味和花色上获得了一个又一个重大突破，先后培育出了黄色、金黄色、橙色和复色等品种，彻底改变了以往只有白色和各种红色的单一格局，极大丰富了杂交茶香月季种质资源宝库。

杂交茶香月季的代表品种有‘和平’（‘Peace’）、‘红双喜’（‘Double Delight’）、‘梅朗口红’（‘Rouge Meilland’）、‘月季夫人’（‘Lady Rose’）、‘绯扇’（‘Hiogi’）等。

伊丽莎白·哈克尼斯 Elizabeth Harkness 系列：HT

初开花色	白色泛淡黄色	后期花色	完全变白	单朵花期	约8天	花形	卷边杯形
花径	10.5cm	花香	不香	花心	满心	瓣数	重瓣
瓣形	扇形瓣	花蕾形态	圆尖形	花萼形态	尖形萼	子房形态	漏斗形
花梗长度	短梗	花梗刚毛	无	嫩枝颜色	浅棕红色	成熟枝颜色	绿色
叶色	中绿	叶面	略皱	叶形	卵形	叶顶形	锐尖
叶光泽度	无光泽	叶基形	钝形 截形	叶缘锯齿	浅粗 锯齿形	刺体形态	平直刺
刺体密度	多	刺体大小	中	枝条曲直	曲	始花期	中

培育国别与年代 英国 Harkness 1969年

亲本 Red Dandy × Piccadily

北极星　Polarstern

系列：HT

初开花色	白色	后期花色	白色
单朵花期	约7天	花形	高心翘角
花径	14cm	花香	淡香
花心	满心	瓣数	千重瓣
瓣形	扇形瓣	花蕾形态	圆尖形
花萼形态	尖形萼	子房形态	漏斗形
花梗长度	短梗	花梗刚毛	无
嫩枝颜色	浅棕红色	成熟枝颜色	绿色
叶色	翠绿	叶面	平展
叶形	卵形	叶顶形	锐尖
叶光泽度	无光泽	叶基形	钝形
叶缘锯齿	浅粗 锯齿形	刺体形态	平直刺
刺体密度	多	刺体大小	中
枝条曲直	直	始花期	早

培育国别与年代　美国 Tantau 1982年

亲本　Royal Natioual Rose Socity Certificate of merit 1985. Uk Rose of the year 1985

坦尼克 Tineke 系列：HT

初开花色	白色黄心	后期花色	纯白	单朵花期	约8天	花形	高心翘角
花径	12cm	花香	微香	花心	散心	瓣数	重瓣
瓣形	扇形瓣	花蕾形态	圆尖形	花萼形态	尖形萼	子房形态	漏斗形
花梗长度	短梗	花梗刚毛	无	嫩枝颜色	浅棕红色	成熟枝颜色	绿色
叶色	深绿	叶面	平展	叶形	椭圆形	叶顶形	锐尖
叶光泽度	半光泽	叶基形	钝形	叶缘锯齿	粗锯齿形	刺体形态	平直刺
刺体密度	少	刺体大小	小	枝条曲直	直	始花期	中

培育国别与年代　荷兰　1989年

亲本　Unnamed Seedling × Unnamed Seedling

月亮雪碧 Moonsprite

系列：HT

初开花色	金黄色	后期花色	变白
单朵花期	约6天	花形	卷边盘形
花径	12cm	花香	不香
花心	半露心	瓣数	重瓣
瓣形	圆瓣	花蕾形态	圆尖形
花萼形态	尖形萼	子房形态	漏斗形
花梗长度	中梗	花梗刚毛	密
嫩枝颜色	浅棕红色	成熟枝颜色	绿色
叶色	中绿	叶面	平展
叶形	椭圆形	叶顶形	锐尖
叶光泽度	无光泽	叶基形	钝形
叶缘锯齿	浅粗锯齿形和深粗锯齿形	刺体形态	斜直刺
刺体密度	少	刺体大小	大
枝条曲直	曲	始花期	早

培育国别与年代　美国　Swim

亲本　Sutter's Gold × Ondine

和平 Peace 系列：HT

初开花色	黄色淡粉晕	后期花色	变淡	单朵花期	约8天	花形	卷边盘形
花径	13cm	花香	淡香	花心	半露心	瓣数	重瓣
瓣形	扇形瓣	花蕾形态	圆尖形	花萼形态	尖形萼	子房形态	漏斗形
花梗长度	短梗	花梗刚毛	稀少	嫩枝颜色	浅棕红色	成熟枝颜色	绿色
叶色	中绿	叶面	平展 略皱	叶形	卵形 椭圆形	叶顶形	锐尖
叶光泽度	有光泽	叶基形	心形	叶缘锯齿	浅粗锯齿形	刺体形态	弯刺 斜直刺
刺体密度	少	刺体大小	中	枝条曲直	曲	始花期	中

培育国别与年代　法国 Meilland 1942年

亲本　[(George Dickson × Souvenir de Claudius Pernet) × (Joanna Hill × Charles P.Kilham)] × Margaret Mc Gredy

获奖　Portland Gold Medal 1944. All America Rose Selection 1946.
American Rose Society Gold Medal 1947. National Rose Society Gold Medal 1947.
The Hague Golden Rose 1965. Federation of Rose Societies Hall of Fame World's Favorite Rose 1976.
Royal Horticultural Society Award of Garden Merit 1993

飘度斯 Peaudouce 系列：HT

初开花色	白色黄心	后期花色	完全变白	单朵花期	约7天	花形	卷边盘形
花径	12cm	花香	微香	花心	半露心	瓣数	重瓣
瓣形	圆瓣	花蕾形态	圆尖形	花萼形态	尖形萼	子房形态	漏斗形
花梗长度	短梗	花梗刚毛	无	嫩枝颜色	绿色	成熟枝颜色	绿色
叶色	中绿	叶面	平展 略皱	叶形	椭圆形	叶顶形	锐尖
叶光泽度	无光泽	叶基形	钝形	叶缘锯齿	浅细锯齿形和深细锯齿形	刺体形态	平直刺
刺体密度	多	刺体大小	中	枝条曲直	曲	始花期	中

培育国别与年代　英国 Dickson 1983年

亲本　Nana Mouskouri × Lolita

获奖　Anerkannte Deutsche Rose 1987. New lealand (Gold Star) Gold Medal 1987. Glasgow Silver Medal 1991. Royal of Garden Merit 1993. James Mason Gold Medal 1994

金凤凰 Golden Scepter 系列：HT

初开花色	金黄	后期花色	金黄	单朵花期	约8天	花形	卷边盘形
花径	10cm	花香	微香	花心	半露心	瓣数	重瓣
瓣形	圆瓣	花蕾形态	圆尖形	花萼形态	尖形萼	子房形态	漏斗形
花梗长度	短梗	花梗刚毛	无	嫩枝颜色	淡绿色	成熟枝颜色	绿色
叶色	黄绿	叶面	平展	叶形	卵形	叶顶形	锐尖
叶光泽度	无光泽	叶基形	钝形	叶缘锯齿	细锯齿形	刺体形态	平直刺
刺体密度	少	刺体大小	中	枝条曲直	直	始花期	中

培育国别与年代　荷兰 Verschuren—Pechtold 1950年

亲本　Geheimrat Duisberg × Seedling

获奖　All America Rose Selection 1973

绿野 系列：HT

初开花色	鸫黄粉晕	后期花色	淡绿	单朵花期	15～20天	花形	卷边杯形
花径	10cm	花香	不香	花心	散心	瓣数	半重瓣
瓣形	圆瓣	花蕾形态	圆尖形	花萼形态	尖形萼	子房形态	漏斗形
花梗长度	短梗	花梗刚毛	无	嫩枝颜色	绿色	成熟枝颜色	绿色
叶色	中绿	叶面	平展	叶形	卵形	叶顶形	锐尖
叶光泽度	半光泽	叶基形	钝形	叶缘锯齿	粗锯齿形	刺体形态	斜直刺
刺体密度	少	刺体大小	中	枝条曲直	直	始花期	中

培育国别与年代　中国农业科学院　1985年
亲本　Mount Shasta × Medallion
获奖　1987年被评为北京市优秀品种

皇帝的赎金　King's Ransom　系列：HT

初开花色	金黄	后期花色	变淡	单朵花期	约6天	花形	高心翘角
花径	10cm	花香	不香	花心	半露心	瓣数	重瓣
瓣形	扇形瓣	花蕾形态	圆尖形	花萼形态	尖形萼	子房形态	漏斗形
花梗长度	短梗	花梗刚毛	无	嫩枝颜色	绿色	成熟枝颜色	绿色
叶色	黄绿	叶面	平展	叶形	卵形	叶顶形	锐尖
叶光泽度	有光泽	叶基形	钝形	叶缘锯齿	锯齿形	刺体形态	平直刺
刺体密度	多	刺体大小	大	枝条曲直	直	始花期	中

培育国别与年代　美国　Jackson Perkins　1961年

亲本　Golden Masterpiece × Lydia

北斗 系列：HT

初开花色	黄色红晕	后期花色	变淡	单朵花期	约7天	花形	高心翘角
花径	12cm	花香	不香	花心	满心	瓣数	千重瓣
瓣形	扇形瓣	花蕾形态	卵形	花萼形态	尖形萼	子房形态	漏斗形
花梗长度	短梗	花梗刚毛	无	嫩枝颜色	翠绿色	成熟枝颜色	绿色
叶色	中绿	叶面	平展	叶形	卵形	叶顶形	锐尖
叶光泽度	半光泽	叶基形	钝形	叶缘锯齿	细锯齿形	刺体形态	钩刺
刺体密度	少	刺体大小	中	枝条曲直	直	始花期	中

培育国别与年代　日本　京成　1979年

亲本　(Myoo-Jo × Chicago Peace) × King's Ransom

美国的骄傲 American Pride 系列：HT

初开花色	深红	后期花色	略淡	单朵花期	约8天	花形	高心翘角
花径	14cm	花香	不香	花心	多心	瓣数	千重瓣
瓣形	圆瓣	花蕾形态	圆尖形	花萼形态	尖形萼	子房形态	漏斗形
花梗长度	中梗	花梗刚毛	密	嫩枝颜色	浅棕红色	成熟枝颜色	绿色
叶色	中绿	叶面	平展	叶形	圆形 卵形	叶顶形	急尖
叶光泽度	无光泽	叶基形	钝形	叶缘锯齿	浅粗锯齿形和深粗锯齿形	刺体形态	斜直刺
刺体密度	少	刺体大小	中	枝条曲直	直	始花期	中
培育国别与年代	美国 Warriner 1997年						

梅朗口红 Rouge Meilland 系列：HT

初开花色	深红	后期花色	深红	单朵花期	约8天	花形	卷边高心
花径	13cm	花香	不香	花心	散心	瓣数	千重瓣
瓣形	圆瓣	花蕾形态	圆尖形	花萼形态	羽形萼	子房形态	漏斗形
花梗长度	短梗	花梗刚毛	无	嫩枝颜色	绿色	成熟枝颜色	绿色
叶色	深绿	叶面	平展	叶形	椭圆形	叶顶形	锐尖
叶光泽度	无光泽	叶基形	截形	叶缘锯齿	粗锯齿形	刺体形态	斜直刺
刺体密度	少	刺体大小	小	枝条曲直	直	始花期	中

培育国别与年代　法国　Meilland　1983年

亲本　[(Queen Elizabeth × Karl Herbst) × Pharaoh] × Antonia Ridge

珍贵白金 Precious Platinum 系列：HT

初开花色	深红	后期花色	略淡	单朵花期	约8天	花形	高心翘角
花径	12cm	花香	不香	花心	散心	瓣数	重瓣
瓣形	圆瓣	花蕾形态	圆尖形	花萼形态	尖形萼	子房形态	漏斗形
花梗长度	短梗	花梗刚毛	无	嫩枝颜色	浅棕红色	成熟枝颜色	浅棕红色
叶色	深绿	叶面	平展	叶形	椭圆形	叶顶形	锐尖
叶光泽度	半光泽	叶基形	截形	叶缘锯齿	粗锯齿形	刺体形态	斜直刺
刺体密度	少	刺体大小	中	枝条曲直	直	始花期	中

培育国别与年代　英国　Dickson　1974年

亲本　Red Planet × Franklin Engelmann

吉普赛 Gypsy 系列：HT

初开花色	珊瑚红	后期花色	略淡	单朵花期	约7天	花形	卷边高心
花径	14cm	花香	浓香	花心	散心	瓣数	重瓣
瓣形	扇形瓣	花蕾形态	圆尖形	花萼形态	尖形萼	子房形态	漏斗形
花梗长度	短梗	花梗刚毛	无	嫩枝颜色	紫红色	成熟枝颜色	紫红色
叶色	深绿	叶面	平展	叶形	披针 椭圆形	叶顶形	锐尖
叶光泽度	无光泽	叶基形	钝形	叶缘锯齿	粗锯齿形	刺体形态	平直刺
刺体密度	多	刺体大小	中	枝条曲直	直	始花期	中

培育国别与年代　美国　Swivn and Weeks　1972年

亲本　[(Happiness × Chrysler Imperial) × El Capitan] × Comanche

获奖　All America Rose Selection 1973

瓦尔特大叔 Uncle Walter

系列：HT

初开花色	深红	后期花色	变淡
单朵花期	约8天	花形	牡丹形
花径	10cm	花香	不香
花心	多心	瓣数	半重瓣
瓣形	圆瓣	花蕾形态	圆尖形
花萼形态	尖形萼	子房形态	漏斗形
花梗长度	短梗	花梗刚毛	无
嫩枝颜色	浅棕红色	成熟枝颜色	绿色
叶色	深绿	叶面	平展
叶形	圆形 卵形	叶顶形	锐尖
叶光泽度	有光泽	叶基形	截形
叶缘锯齿	锯齿形	刺体形态	瓶直刺
刺体密度	密	刺体大小	大 小
枝条曲直	直	始花期	早

培育国别与年代　新西兰 McMredy 1963年

亲本　Detroiter × Heidelberg

获奖　National Rose Society Certificate of Merit 1963.
Scandinavia Nord Rose Awarid

黑旋风 系列：HT

初开花色	深红	后期花色	变深	单朵花期	约8天	花形	卷边高心
花径	8cm	花香	浓香	花心	旋心	瓣数	千重瓣
瓣形	扇形瓣	花蕾形态	圆尖形	花萼形态	尖形萼	子房形态	漏斗形
花梗长度	中梗	花梗刚毛	无	嫩枝颜色	浅棕红色	成熟枝颜色	绿色
叶色	灰绿色	叶面	褶皱	叶形	卵形 椭圆形	叶顶形	锐尖
叶光泽度	无光泽	叶基形	钝形	叶缘锯齿	粗锯齿形	刺体形态	斜直刺
刺体密度	多	刺体大小	中	枝条曲直	直	始花期	晚
培育国别与年代		杭州苗圃 1962年					
亲本		Crimson Giory × Baccara					

路易斯芬妮 Louis de Funes 系列：HT

初开花色	橙色	后期花色	变淡	单朵花期	约6天	花形	卷边盘形
花径	10cm	花香	不香	花心	半露心	瓣数	重瓣
瓣形	圆瓣	花蕾形态	圆尖形	花萼形态	尖形萼	子房形态	漏斗形
花梗长度	中梗	花梗刚毛	无	嫩枝颜色	浅棕红色	成熟枝颜色	浅棕红色
叶色	深绿	叶面	平展	叶形	圆形	叶顶形	锐尖
叶光泽度	有光泽	叶基形	心形	叶缘锯齿	锯齿形	刺体形态	弯刺
刺体密度	少	刺体大小	中	枝条曲直	直	始花期	很早

培育国别与年代　法国　Meilland　1984年

亲本　(Ambassador × Whisky Mac) × (Arthur Bell × Kabuki)

获奖　Genva Gold Medal 1983. Monza Gold Medal 1983

金奖章 Gold Medal

系列：HT

初开花色	橙黄有红晕	后期花色	变淡
单朵花期	约8天	花形	卷边盘形
花径	10cm	花香	淡香
花心	满心	瓣数	重瓣
瓣形	圆瓣	花蕾形态	笔尖形
花萼形态	羽形萼	子房形态	漏斗形
花梗长度	中梗	花梗刚毛	无
嫩枝颜色	绿色	成熟枝颜色	绿色
叶色	中绿	叶面	平展
叶形	椭圆形	叶顶形	锐尖
叶光泽度	无光泽	叶基形	钝形
叶缘锯齿	浅粗锯齿形和深粗锯齿形	刺体形态	斜直刺
刺体密度	少	刺体大小	小
枝条曲直	直	始花期	很早
培育国别与年代		美国 Christensen 1982年	
亲本		Yellow Pages × (Granda × Garden Party)	

杰斯特·乔伊 Just Joey 系列：HT

初开花色	橙黄色	后期花色	变淡	单朵花期	约8天	花形	卷边盘形
花径	12cm	花香	淡香	花心	半露心	瓣数	单瓣
瓣形	圆阔瓣	花蕾形态	圆尖形	花萼形态	叶形萼 尖形萼	子房形态	漏斗形
花梗长度	中梗	花梗刚毛	无	嫩枝颜色	浅棕红色	成熟枝颜色	浅棕红色
叶色	深绿	叶面	略皱	叶形	椭圆形	叶顶形	锐尖
叶光泽度	半光泽	叶基形	钝形	叶缘锯齿	浅粗锯齿形和深粗锯齿形	刺体形态	平直刺
刺体密度	多	刺体大小	中	枝条曲直	曲	始花期	很早

培育国别与年代　美国　Cant　1972年

亲本　Fragrant Cloud × Dr.A.J.Verhage

获奖　Royal National Rose Society James Mason Gold Medal 1986.
Royal Horticultural Society Award of Garden Merit 1993.
World's Favorite Rose 1994

瓦伦西亚 Valencia 系列：HT

初开花色	橙黄色	后期花色	变淡	单朵花期	约8天	花形	翘角盘形
花径	13cm	花香	淡香	花心	露心	瓣数	重瓣
瓣形	扇形瓣	花蕾形态	圆尖形	花萼形态	羽形萼	子房形态	筒形
花梗长度	短梗	花梗刚毛	无	嫩枝颜色	绿色	成熟枝颜色	绿色
叶色	深绿	叶面	略皱	叶形	卵形	叶顶形	锐尖
叶光泽度	无光泽	叶基形	钝形	叶缘锯齿	粗锯齿形	刺体形态	平直刺
刺体密度	多	刺体大小	中	枝条曲直	曲	始花期	中

培育国别与年代　德国　Kordes　1989年

获奖　Durbanville Gold Medal 1988.
Royal National Rose Society Edlan Fragrance Medal 1989.
Rnhs Certificate of Merit 1989

亚伯拉罕钞票 Abraham Darby 系列：HT

初开花色	深橙黄	后期花色	淡橙黄	单朵花期	约7天	花形	荷花形
花径	9cm	花香	微香	花心	散心	瓣数	重瓣
瓣形	圆瓣	花蕾形态	圆尖形	花萼形态	尖形萼	子房形态	漏斗形
花梗长度	短梗	花梗刚毛	密	嫩枝颜色	紫红色	成熟枝颜色	紫红色
叶色	中绿	叶面	平展	叶形	卵形	叶顶形	锐尖
叶光泽度	有光泽	叶基形	钝形	叶缘锯齿	粗锯齿形	刺体形态	斜直刺
刺体密度	多	刺体大小	大	枝条曲直	直	始花期	早

培育国别与年代　英国　Austin　1985年

亲本　Aloha × Yellow Cushion

大奖章 Medallion 系列：HT

初开花色	杏黄	后期花色	变淡	单朵花期	约8天	花形	高心翘角
花径	15cm	花香	微香	花心	散心	瓣数	重瓣
瓣形	圆瓣	花蕾形态	圆尖形	花萼形态	尖形萼	子房形态	漏斗形
花梗长度	短梗	花梗刚毛	无	嫩枝颜色	绿色	成熟枝颜色	绿色
叶色	黄绿	叶面	平展	叶形	圆形 卵形	叶顶形	急尖
叶光泽度	无光泽	叶基形	截形	叶缘锯齿	粗锯齿形	刺体形态	斜直刺
刺体密度	少	刺体大小	中	枝条曲直	直	始花期	中

培育国别与年代　美国 Warriner 1973年

亲本　South Seas × King's Ransom

获奖　Portland Gold Medal 1972. ALL America Roses Selection 1973

大使 Ambassador

系列：HT

初开花色	橙红	后期花色	珊瑚红
单朵花期	约8天	花形	卷边杯形
花径	13cm	花香	不香
花心	散心	瓣数	重瓣
瓣形	圆瓣	花蕾形态	圆尖形
花萼形态	尖形萼 羽形萼	子房形态	漏斗形
花梗长度	短梗	花梗刚毛	无
嫩枝颜色	紫红色	成熟枝颜色	浅棕红色
叶色	深绿	叶面	平展 略皱
叶形	圆形 卵形	叶顶形	锐尖
叶光泽度	无光泽	叶基形	钝形
叶缘锯齿	锯齿形	刺体形态	斜直刺
刺体密度	多	刺体大小	大
枝条曲直	直	始花期	中

培育国别与年代　法国　Meilland　1979年

亲本　Seedling × Whisky Mac

吉特 Gitte 系列：HT

初开花色	橙色	后期花色	变淡	单朵花期	约8天	花形	卷边盘形
花径	11cm	花香	淡香	花心	散心	瓣数	重瓣
瓣形	圆瓣	花蕾形态	圆尖形	花萼形态	羽形萼	子房形态	漏斗形
花梗长度	短梗	花梗刚毛	密	嫩枝颜色	浅棕红色	成熟枝颜色	绿色
叶色	灰绿	叶面	褶皱	叶形	卵形	叶顶形	锐尖
叶光泽度	无光泽	叶基形	钝形	叶缘锯齿	锯齿形	刺体形态	平直刺
刺体密度	少	刺体大小	小	枝条曲直	直	始花期	晚

培育国别与年代　德国　Kordes　1978年

亲本　(Fragrant Cloud × Peer Gynt) × [(Dr A.J. Verhage × Colour Wonder) × Zorina]

弗莱尔 The Friar 系列：HT

初开花色	橙色	后期花色	变淡	单朵花期	约8天	花形	包心菜形
花径	8cm	花香	不香	花心	多心	瓣数	千重瓣
瓣形	扇形瓣	花蕾形态	圆尖形	花萼形态	尖形萼	子房形态	漏斗形
花梗长度	短梗	花梗刚毛	无	嫩枝颜色	浅棕红色	成熟枝颜色	绿色
叶色	灰绿	叶面	平展	叶形	卵形	叶顶形	锐尖
叶光泽度	无光泽	叶基形	钝形	叶缘锯齿	锯齿形	刺体形态	斜直刺
刺体密度	少	刺体大小	中	枝条曲直	直	始花期	晚

培育国别与年代　英国　Austin　1969年

亲本　Ivory Fashion × Seedling

尊敬的米兰达 Admired Miranda 系列：HT

初开花色	淡粉	后期花色	变淡泛白	单朵花期	约8天	花形	包心菜形
花径	7cm	花香	淡香	花心	多心	瓣数	千重瓣
瓣形	圆瓣	花蕾形态	球形	花萼形态	尖形萼	子房形态	漏斗形
花梗长度	短梗	花梗刚毛	无	嫩枝颜色	翠绿色	成熟枝颜色	绿色
叶色	灰绿	叶面	平展	叶形	椭圆形	叶顶形	锐尖
叶光泽度	无光泽	叶基形	钝形	叶缘锯齿	粗锯齿形	刺体形态	斜直刺
刺体密度	少	刺体大小	小	枝条曲直	曲	始花期	晚

培育国别与年代 英国 Austin 1982年

亲本 The Friar × The Friar

纸牌赌博 Baccara 系列：HT

初开花色	朱红色	后期花色	略淡	单朵花期	约8天	花形	卷边盘形
花径	13cm	花香	微香	花心	散心	瓣数	千重瓣
瓣形	圆瓣	花蕾形态	圆尖形	花萼形态	尖形萼	子房形态	漏斗形
花梗长度	短梗	花梗刚毛	无	嫩枝颜色	绿色	成熟枝颜色	绿色
叶色	中绿	叶面	平展	叶形	圆形	叶顶形	急尖
叶光泽度	无光泽	叶基形	钝形	叶缘锯齿	锯齿形	刺体形态	斜直刺
刺体密度	多	刺体大小	中	枝条曲直	直	始花期	早

培育国别与年代　法国　Meiland　1954年

亲本　Happiness × Independence

三驾马车 Troika 系列：HT

初开花色	橙红黄混色	后期花色	变淡	单朵花期	约8天	花形	卷边盘形
花径	8cm	花香	淡香	花心	半露心	瓣数	重瓣
瓣形	扇形瓣	花蕾形态	圆尖形	花萼形态	尖形萼 羽形萼	子房形态	漏斗形
花梗长度	短梗	花梗刚毛	无	嫩枝颜色	浅棕红色	成熟枝颜色	绿色
叶色	深绿	叶面	粗糙 叶脉间突起	叶形	椭圆形	叶顶形	锐尖
叶光泽度	半光泽	叶基形	心形	叶缘锯齿	锯齿形	刺体形态	斜直刺
刺体密度	少	刺体大小	大	枝条曲直	直	始花期	中

培育国别与年代　丹麦 Poulsen 1972年

亲本　[Super Star × (Baccara × Princesse Astrid)] × Hanne

情侣约会 Lovers' Meeting 系列：HT

初开花色	橙红	后期花色	变深	单朵花期	约7天	花形	高心翘角
花径	12cm	花香	不香	花心	露心	瓣数	重瓣
瓣形	扇形瓣	花蕾形态	圆尖形	花萼形态	尖形萼	子房形态	漏斗形
花梗长度	短梗	花梗刚毛	无	嫩枝颜色	浅棕红色	成熟枝颜色	浅棕红色
叶色	深绿	叶面	平展 略皱	叶形	卵形	叶顶形	锐尖
叶光泽度	半光泽	叶基形	截形	叶缘锯齿	特粗 锯齿形	刺体形态	平直刺
刺体密度	少	刺体大小	小	枝条曲直	曲	始花期	中

培育国别与年代　英国 Gandy 1980年

亲本　Seedling × Egyption × Treasure

赞歌　讃歌

系列：HT

初开花色	珊瑚红	后期花色	朱红色
单朵花期	约8天	花形	高心翘角
花径	14cm	花香	淡香
花心	散心	瓣数	重瓣
瓣形	圆瓣	花蕾形态	圆尖形
花萼形态	尖形萼	子房形态	漏斗形
花梗长度	中梗	花梗刚毛	无
嫩枝颜色	浅棕红色	成熟枝颜色	绿色
叶色	中绿	叶面	平展
叶形	圆形	叶顶形	急尖
叶光泽度	无光泽	叶基形	钝形
叶缘锯齿	粗锯齿形	刺体形态	斜直刺
刺体密度	少	刺体大小	中
枝条曲直	直	始花期	晚
培育国别与年代		日本　京成　1986年	

绯扇 緋扇

系列：HT

初开花色	朱红	后期花色	深朱红至变淡
单朵花期	约8天	花形	卷边高心
花径	14cm	花香	不香
花心	散心	瓣数	重瓣
瓣形	圆瓣	花蕾形态	圆尖形
花萼形态	尖形萼	子房形态	漏斗形
花梗长度	短梗	花梗刚毛	稀少
嫩枝颜色	紫红色	成熟枝颜色	绿色
叶色	深绿	叶面	平展
叶形	圆形 卵形	叶顶形	急尖
叶光泽度	半光泽	叶基形	截形
叶缘锯齿	粗锯齿形	刺体形态	斜直刺
刺体密度	少	刺体大小	中
枝条曲直	直	始花期	很早

培育国别与年代　日本 京成 1981年

亲本　[San Francisco × (Montezuma × Peace)]

暑假 Summer Holiday

系列：HT

初开花色	朱红色	后期花色	变淡
单朵花期	约8天	花形	卷边杯形
花径	11cm	花香	不香
花心	满心	瓣数	重瓣
瓣形	圆瓣	花蕾形态	圆尖形
花萼形态	尖形萼	子房形态	漏斗形
花梗长度	短梗	花梗刚毛	无
嫩枝颜色	棕红色	成熟枝颜色	灰绿色
叶色	深绿	叶面	平展
叶形	椭圆形	叶顶形	锐尖
叶光泽度	无光泽	叶基形	心形
叶缘锯齿	锯齿形	刺体形态	斜直刺
刺体密度	多	刺体大小	中
枝条曲直	直	始花期	晚
培育国别与年代		美国 GreGory 1968年	
亲本		Super Star × Unknown	

月季夫人 Lady Rose 系列：HT

初开花色	橘红色	后期花色	变淡	单朵花期	约8天	花形	卷边高心
花径	10cm	花香	不香	花心	旋心	瓣数	重瓣
瓣形	圆瓣	花蕾形态	圆尖形	花萼形态	羽形萼	子房形态	漏斗形
花梗长度	短梗	花梗刚毛	无	嫩枝颜色	棕红色	成熟枝颜色	
叶色	深绿	叶面	平展	叶形	卵形	叶顶形	锐尖
叶光泽度	无光泽	叶基形	截形	叶缘锯齿	浅粗锯齿形和深粗锯齿形	刺体形态	斜直刺
刺体密度	多	刺体大小	中	枝条曲直	直	始花期	中

培育国别与年代　德国　Kordes　1979年
亲本　Seedling × Traumerei
获奖　Belfast Gold Medal 1981

超级明星 Super Star

系列：HT

初开花色	朱红具光芒感	后期花色	变淡
单朵花期	约8天	花形	卷边高心
花径	11cm	花香	微香
花心	散心	瓣数	半重瓣
瓣形	圆瓣	花蕾形态	圆尖形
花萼形态	羽形萼	子房形态	漏斗形
花梗长度	短梗	花梗刚毛	密
嫩枝颜色	绿色	成熟枝颜色	绿色
叶色	灰绿	叶面	平展
叶形	卵形	叶顶形	锐尖
叶光泽度	无光泽	叶基形	钝形
叶缘锯齿	浅粗锯齿形和深粗锯齿形	刺体形态	斜直刺
刺体密度	多	刺体大小	中 小
枝条曲直	直	始花期	中

培育国别与年代　德国 Tantau 1960年

亲本　(Seedling × Peace) × (Seedling × Alpine Glow)

获奖　National Rose Society President's International Trophy 1960.
Portland Gold Medal 1961.
All America Rose Selection 1963.
American Rose Socity Gold Medal 1967

伏都教 Voodoo 系列：HT

初开花色	橘黄色	后期花色	变深	单朵花期	约9天	花形	卷边杯形
花径	10cm	花香	浓香	花心	散心	瓣数	半重瓣
瓣形	圆瓣	花蕾形态	圆尖形	花萼形态	尖形萼	子房形态	杯形
花梗长度	短梗	花梗刚毛	无	嫩枝颜色	绿色	成熟枝颜色	绿色
叶色	中绿	叶面	略皱	叶形	卵形	叶顶形	锐尖
叶光泽度	有光泽	叶基形	钝形	叶缘锯齿	浅粗锯齿形和深粗锯齿形	刺体形态	斜直刺
刺体密度	多	刺体大小	中	枝条曲直	直	始花期	中

培育国别与年代　美国　Chhristensen　1984年
亲本　[(Camelot × First Prize) × Typhootea] × Lolita
获奖　All America Rose Selection 1986

芳纯 Hojun 系列：HT

初开花色	粉色	后期花色	变淡	单朵花期	约8天	花形	高心翘角
花径	12cm	花香	淡香	花心	满心	瓣数	重瓣
瓣形	扇形瓣	花蕾形态	圆尖形	花萼形态	尖形萼	子房形态	漏斗形
花梗长度	短梗	花梗刚毛	无	嫩枝颜色	浅棕红色	成熟枝颜色	绿色
叶色	中绿	叶面	褶皱	叶形	卵形 椭圆形	叶顶形	锐尖 急尖
叶光泽度	无光泽	叶基形	钝形	叶缘锯齿	粗锯齿形	刺体形态	斜直刺
刺体密度	多	刺体大小	小	枝条曲直	直	始花期	中

培育国别与年代　日本　京成　1981年

亲本　Granda × Flaming Feace

玫瑰教授锡伯 Rosenprofessor Sieber 系列：HT

初开花色	淡粉	后期花色	泛白	单朵花期	约8天	花形	卷边盘形
花径	10cm	花香	微香	花心	露心	瓣数	重瓣
瓣形	圆瓣	花蕾形态	圆尖形	花萼形态	尖形萼	子房形态	球形
花梗长度	短梗	花梗刚毛	无	嫩枝颜色	绿色	成熟枝颜色	绿色
叶色	翠绿	叶面	平展	叶形	圆形 椭圆形	叶顶形	锐尖
叶光泽度	有光泽	叶基形	钝形	叶缘锯齿	锯齿形	刺体形态	斜直刺
刺体密度	少	刺体大小	中	枝条曲直	直	始花期	中

培育国别与年代　德国　Kordes　1997年

亲本　[Super Star × (Baccara × Princesse Astrid)] × Hanne

肖像 Portrait 系列：HT

初开花色	粉色	后期花色	变淡	单朵花期	约8天	花形	卷边盘形
花径	11cm	花香	浓香	花心	半露心	瓣数	重瓣
瓣形	扇形瓣	花蕾形态	圆尖形	花萼形态	尖形萼	子房形态	漏斗形
花梗长度	短梗	花梗刚毛	稀少	嫩枝颜色	绿色	成熟枝颜色	绿色
叶色	中绿	叶面	平展	叶形	椭圆形	叶顶形	锐尖
叶光泽度	无光泽	叶基形	钝形	叶缘锯齿	锯齿形	刺体形态	斜直刺
刺体密度	少	刺体大小	中	枝条曲直	直	始花期	中

培育国别与年代　美国　Meyer　1971年

亲本　Pink Parfait × Pink Peace

获奖　AARS 1972

醉香酒 Duftrausch 系列：HT

初开花色	粉色	后期花色	变淡	单朵花期	约8天	花形	高心翘角
花径	12cm	花香	浓香	花心	旋心	瓣数	千重瓣
瓣形	圆瓣	花蕾形态	圆尖形	花萼形态	羽形萼	子房形态	杯形
花梗长度	短梗	花梗刚毛	无	嫩枝颜色	灰紫色	成熟枝颜色	灰紫色
叶色	灰绿	叶面	平展 略皱	叶形	卵形	叶顶形	锐尖
叶光泽度	无光泽	叶基形	钝形	叶缘锯齿	粗锯齿形	刺体形态	斜直刺
刺体密度	多	刺体大小	中	枝条曲直	直	始花期	中
培育国别与年代		德国 Tantau 1986年					

弗拉明戈 Flamingo

系列：HT

初开花色	淡粉	后期花色	变白
单朵花期	约8天	花形	卷边杯形
花径	12cm	花香	微香
花心	半露心	瓣数	重瓣
瓣形	圆瓣	花蕾形态	圆尖形
花萼形态	尖形萼	子房形态	筒形
花梗长度	中梗	花梗刚毛	稀少
嫩枝颜色	绿色	成熟枝颜色	绿色
叶色	深绿	叶面	略皱
叶形	圆形 卵形	叶顶形	急尖
叶光泽度	半光泽	叶基形	钝形
叶缘锯齿	粗锯齿形	刺体形态	斜直刺
刺体密度	少	刺体大小	中
枝条曲直	直	始花期	中
培育国别与年代		德国 Kordes 1979年	
亲本		Seedling × Lady Like	

粉扇 系列：HT

初开花色	粉色	后期花色	变淡	单朵花期	约8天	花形	卷边高心
花径	12cm	花香	不香	花心	散心	瓣数	半重瓣
瓣形	圆瓣	花蕾形态	圆尖形	花萼形态	尖形萼	子房形态	球形
花梗长度	短梗	花梗刚毛	稀少	嫩枝颜色	绿色	成熟枝颜色	绿色
叶色	中绿	叶面	平展	叶形	圆形	叶顶形	急尖
叶光泽度	半光泽	叶基形	截形	叶缘锯齿	粗锯齿形	刺体形态	斜直刺
刺体密度	少	刺体大小	中	枝条曲直	直	始花期	很早

发现地　河南南阳　2000年

亲本　“绯扇”芽变

恶作剧 Mischief

系列：HT

初开花色	亮粉色	后期花色	变淡
单朵花期	约9天	花形	卷边高心
花径	11cm	花香	不香
花心	旋心	瓣数	重瓣
瓣形	圆瓣	花蕾形态	圆尖形
花萼形态	叶形萼 尖形萼	子房形态	漏斗形
花梗长度	短梗	花梗刚毛	无
嫩枝颜色	绿色	成熟枝颜色	绿色
叶色	灰绿	叶面	平展
叶形	椭圆形	叶顶形	锐尖
叶光泽度	无光泽	叶基形	钝形
叶缘锯齿	浅粗锯齿形	刺体形态	斜直刺
刺体密度	多	刺体大小	中
枝条曲直	直	始花期	中
培育国别与年代		英国 McGredy 1961年	
亲本		Peace × Spartan	

粉豹 Pink Panther 系列：HT

初开花色	粉红	后期花色	变淡	单朵花期	约9天	花形	包心菜形
花径	9cm	花香	淡香	花心	满心	瓣数	重瓣
瓣形	圆瓣	花蕾形态	球形	花萼形态	尖形萼	子房形态	漏斗形
花梗长度	短梗	花梗刚毛	无	嫩枝颜色	棕红色	成熟枝颜色	浅棕红色
叶色	深绿	叶面	平展	叶形	圆形 卵形	叶顶形	急尖
叶光泽度	半光泽	叶基形	钝形 心形	叶缘锯齿	粗锯齿形	刺体形态	斜直刺
刺体密度	多	刺体大小	中	枝条曲直	直	始花期	早

培育国别与年代　法国　Meilland　1981年

亲本　Meigurami × Meinaregi

玫瑰乐园 Eden Rose 系列：HT

初开花色	粉红	后期花色	变淡	单朵花期	约7天	花形	卷边高心
花径	12cm	花香	浓香	花心	散心	瓣数	重瓣
瓣形	圆瓣	花蕾形态	圆尖形	花萼形态	尖形萼	子房形态	漏斗形
花梗长度	中梗	花梗刚毛	无	嫩枝颜色	绿色	成熟枝颜色	绿色
叶色	中绿	叶面	平展	叶形	卵形	叶顶形	锐尖
叶光泽度	有光泽	叶基形	钝形 截形	叶缘锯齿	粗锯齿形	刺体形态	斜直刺
刺体密度	多	刺体大小	中	枝条曲直	直	始花期	晚

培育国别与年代 法国 Meilland 1950年
亲本 Peace × Signora
获奖 National Rose Societ Gold Medal 1950

内维尔·吉布森
Neville Gibson
系列：HT

初开花色	粉色	后期花色	变淡
单朵花期	约7天	花形	卷边高心
花径	10cm	花香	不香
花心	旋心	瓣数	千重瓣
瓣形	圆瓣	花蕾形态	圆尖形
花萼形态	羽形萼	子房形态	漏斗形
花梗长度	短梗	花梗刚毛	无
嫩枝颜色	浅棕红色	成熟枝颜色	绿色
叶色	中绿	叶面	平展
叶形	椭圆形	叶顶形	锐尖
叶光泽度	无光泽	叶基形	钝形
叶缘锯齿	粗锯齿形	刺体形态	斜直刺
刺体密度	少	刺体大小	中
枝条曲直	直	始花期	晚
培育国别与年代		英国 Harkness 1982年	
亲本		Red Planet × Seedling	

维拉夫人 Lady Vera 系列：HT

初开花色	粉红色	后期花色	变淡	单朵花期	约7天	花形	高心翘角卷边高心
花径	9cm	花香	淡香	花心	旋心	瓣数	千重瓣
瓣形	圆瓣	花蕾形态	圆尖形	花萼形态	尖形萼	子房形态	漏斗形
花梗长度	中梗	花梗刚毛	无	嫩枝颜色	棕红色	成熟枝颜色	绿色
叶色	深绿	叶面	褶皱	叶形	圆形	叶顶形	锐尖
叶光泽度	半光泽	叶基形	截形	叶缘锯齿	粗锯齿形	刺体形态	斜直刺
刺体密度	少	刺体大小	中	枝条曲直	直	始花期	中

培育国别与年代　澳大利亚　R.W.Smith　1974年

亲本　Royal Highness × Christian Dior

蓝河 Blue River 系列：HT

初开花色	蓝紫	后期花色	变淡	单朵花期	约8天	花形	荷花形
花径	11cm	花香	浓香	花心	满心	瓣数	重瓣
瓣形	圆瓣	花蕾形态	圆尖形	花萼形态	尖形萼	子房形态	杯形
花梗长度	短梗	花梗刚毛	无	嫩枝颜色	浅棕红色	成熟枝颜色	绿色
叶色	深绿	叶面	平展	叶形	椭圆形	叶顶形	锐尖
叶光泽度	有光泽	叶基形	钝形	叶缘锯齿	浅粗锯齿形	刺体形态	钩刺
刺体密度	多	刺体大小	中 小	枝条曲直	直	始花期	中

培育国别与年代　德国 Kordes 1984年

亲本　Blue Moon × Zorina

获奖　Baden—Baden Gold Medal

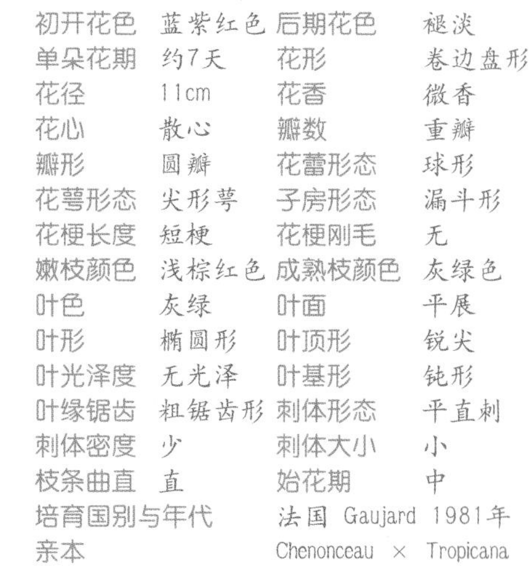

美多斯 Meduse

系列：HT

初开花色	蓝紫红色	后期花色	褪淡
单朵花期	约7天	花形	卷边盘形
花径	11cm	花香	微香
花心	散心	瓣数	重瓣
瓣形	圆瓣	花蕾形态	球形
花萼形态	尖形萼	子房形态	漏斗形
花梗长度	短梗	花梗刚毛	无
嫩枝颜色	浅棕红色	成熟枝颜色	灰绿色
叶色	灰绿	叶面	平展
叶形	椭圆形	叶顶形	锐尖
叶光泽度	无光泽	叶基形	钝形
叶缘锯齿	粗锯齿形	刺体形态	平直刺
刺体密度	少	刺体大小	小
枝条曲直	直	始花期	中
培育国别与年代		法国 Gaujard 1981年	
亲本		Chenonceau × Tropicana	

传家宝　Heirloom　系列：HT

初开花色	蓝紫色	后期花色	变淡	单朵花期	约7天	花形	卷边盘形
花径	10cm	花香	浓香	花心	散心	瓣数	重瓣
瓣形	扇形瓣	花蕾形态	圆尖形	花萼形态	尖形萼	子房形态	漏斗形
花梗长度	短梗	花梗刚毛	无	嫩枝颜色	绿色	成熟枝颜色	绿色
叶色	灰绿	叶面	略皱	叶形	卵形	叶顶形	锐尖
叶光泽度	无光泽	叶基形	钝形	叶缘锯齿	粗锯齿形	刺体形态	平直刺
刺体密度	少	刺体大小	小	枝条曲直	直	始花期	早

培育国别与年代　美国　Warriner　1971年

亲本　Seedling × Seedling

蓝丝带　Blue Ribbon　系列：HT

初开花色	淡蓝紫色	后期花色	变淡泛白	单朵花期	约8天	花形	卷边杯形
花径	11cm	花香	浓香	花心	旋心	瓣数	重瓣
瓣形	圆瓣	花蕾形态	圆尖形	花萼形态	尖形萼	子房形态	漏斗形
花梗长度	短梗	花梗刚毛	无	嫩枝颜色	绿色	成熟枝颜色	绿色
叶色	灰绿	叶面	平展	叶形	椭圆形	叶顶形	锐尖
叶光泽度	无光泽	叶基形	钝形	叶缘锯齿	浅粗锯齿形和深粗锯齿形	刺体形态	平直刺
刺体密度	少	刺体大小	中	枝条曲直	直	始花期	中
培育国别与年代		美国　Christensen　1985年					
亲本		[(Angel Face × First Prize) × Blue Nile]					

大紫光 Big Purple 系列：HT

初开花色	深蓝紫	后期花色	略淡	单朵花期	约8天	花形	卷边盘形
花径	10cm	花香	浓香	花心	旋心	瓣数	千重瓣
瓣形	圆瓣	花蕾形态	圆尖形	花萼形态	尖形萼	子房形态	漏斗形
花梗长度	短梗	花梗刚毛	无	嫩枝颜色	浅棕红色	成熟枝颜色	灰绿色
叶色	灰绿	叶面	平展	叶形	卵形	叶顶形	锐尖
叶光泽度	无光泽	叶基形	截形	叶缘锯齿	锯齿形	刺体形态	斜直刺
刺体密度	少	刺体大小	中	枝条曲直	直	始花期	中

培育国别与年代　新西兰　Stephens　1985年

亲本　Seedling × Purple Splendour

爱 Love 系列：HT

初开花色	鲜红面白背	后期花色	变淡	单朵花期	约9天	花形	高心翘角
花径	12cm	花香	不香	花心	半露心	瓣数	重瓣
瓣形	扇形瓣	花蕾形态	圆尖形	花萼形态	尖形萼	子房形态	漏斗形
花梗长度	短梗	花梗刚毛	多	嫩枝颜色	紫红色	成熟枝颜色	紫红色
叶色	深绿	叶面	平展	叶形	卵形	叶顶形	锐尖
叶光泽度	无光泽	叶基形	钝形	叶缘锯齿	细锯齿形	刺体形态	斜直刺
刺体密度	多	刺体大小	大	枝条曲直	直	始花期	早

培育国别与年代　美国　Warriner　1980年
亲本　Seedling × Red Gold
获奖　AARS 1980

高嘉玫瑰 Rose Gaujard 系列：HT

初开花色	白泛粉红银白背	后期花色	变淡	单朵花期	约7天	花形	高心盘形
花径	11cm	花香	不香	花心	满心	瓣数	重瓣
瓣形	圆瓣	花蕾形态	圆尖形	花萼形态	尖形萼 羽形萼	子房形态	漏斗形
花梗长度	短梗	花梗刚毛	无	嫩枝颜色	浅棕红色	成熟枝颜色	绿色
叶色	深绿	叶面	平展	叶形	卵形	叶顶形	锐尖
叶光泽度	有光泽	叶基形	钝形	叶缘锯齿	锯齿形	刺体形态	斜直刺
刺体密度	少	刺体大小	大	枝条曲直	直	始花期	中

培育国别与年代　法国　Gaujard　1958年

亲本　Peace × Opera Seedling

获奖　Royal National Rose Society Gold Medal 1958

梅朗随想曲 Caprice de Meilland 系列：HT

初开花色	深红面黄背	后期花色	略淡	单朵花期	约8天	花形	卷边盘形
花径	13cm	花香	不香	花心	散心	瓣数	重瓣
瓣形	扇形瓣	花蕾形态	圆尖形	花萼形态	叶形萼 尖形萼	子房形态	漏斗形
花梗长度	短梗	花梗刚毛	密	嫩枝颜色	棕红色	成熟枝颜色	绿色
叶色	深绿	叶面	平展	叶形	椭圆形	叶顶形	锐尖
叶光泽度	有光泽	叶基形	钝形	叶缘锯齿	粗锯齿形	刺体形态	斜直刺
刺体密度	多	刺体大小	大	枝条曲直	直	始花期	中
培育国别与年代		法国 Meilland 1998年					

东方之子 Mme Dieudonne 系列：HT

初开花色	朱红面黄背	后期花色	略淡	单朵花期	约8天	花形	高心翘角		
花径	11cm	花香	微香	花心	露心	瓣数	半重瓣		
瓣形	圆瓣	花蕾形态	圆尖形	花萼形态	羽形萼	子房形态	漏斗形		
花梗长度	短梗	花梗刚毛	密	嫩枝颜色	浅棕红色	成熟枝颜色	绿色		
叶色	深绿	叶面	平展	叶形	圆形	叶顶形	急尖		
叶光泽度	无光泽	叶基形	截形	叶缘锯齿	粗锯齿形	刺体形态	斜直刺		
刺体密度	少	刺体大小	中	枝条曲直	直	始花期	中		

培育国别与年代　法国　Meilland　1949年

亲本　[(Mme Joseph Perraud × Brazier) × (Charles P.Kilham × Capucine Chambard)]

金背大红
Condesa de Sastago
系列：HT

初开花色	粉红面黄背	后期花色	变淡
单朵花期	约6天	花形	卷边盘形
花径	10cm	花香	不香
花心	散心	瓣数	重瓣
瓣形	扇形瓣	花蕾形态	圆尖形
花萼形态	尖形萼	子房形态	漏斗形
花梗长度	短梗	花梗刚毛	密
嫩枝颜色	淡绿色	成熟枝颜色	绿色
叶色	黄绿	叶面	平展
叶形	卵形	叶顶形	锐尖
叶光泽度	半光泽	叶基形	截形
叶缘锯齿	特粗锯齿形	刺体形态	斜直刺
刺体密度	少	刺体大小	大
枝条曲直	直	始花期	早
培育国别与年代		西班牙 P · Dot 1933年	
亲本		(Souv.de Claudius Pernet × Marechal Foch) × Margaret Mc Gredy	

拉斯维加斯 Las Vegas 系列：HT

初开花色	鲜朱红色黄背	后期花色	变淡	单朵花期	约7天	花形	高心翘角
花径	13cm	花香	不香	花心	半露心	瓣数	重瓣
瓣形	扇形瓣	花蕾形态	圆尖形	花萼形态	羽形萼	子房形态	漏斗形
花梗长度	短梗	花梗刚毛	无	嫩枝颜色	绿色	成熟枝颜色	绿色
叶色	中绿	叶面	平展	叶形	圆形 卵形	叶顶形	急尖
叶光泽度	半光泽	叶基形	钝形	叶缘锯齿	粗锯齿形	刺体形态	斜直刺
刺体密度	多	刺体大小	中 小	枝条曲直	曲	始花期	中

培育国别与年代　德国　Kordes　1985年

亲本　Ludwigshafen am Rhein × Feuerzauber

获奖　Geneva Gold Medal 1985． Portland Gold Medal 1988

马德拉斯 Madras 系列：HT

初开花色	深粉红白心	后期花色	变淡	单朵花期	约8天	花形	卷边杯形
花径	12cm	花香	淡香	花心	半露心	瓣数	千重瓣
瓣形	扇形瓣	花蕾形态	圆尖形	花萼形态	羽形萼	子房形态	漏斗形
花梗长度	短梗	花梗刚毛	无	嫩枝颜色	绿色	成熟枝颜色	灰绿色
叶色	深绿	叶面	平展	叶形	圆形	叶顶形	急尖
叶光泽度	半光泽	叶基形	钝形	叶缘锯齿	锯齿形	刺体形态	钩刺
刺体密度	多	刺体大小	中	枝条曲直	直	始花期	早

培育国别与年代　美国　Warriner　1981年

亲本　Unnamed Seedling × Unnamed Seedling

罗拉 Laura 系列：HT

初开花色	朱红色黄背	后期花色	变淡	单朵花期	约8天	花形	卷边高心
花径	9cm	花香	不香	花心	旋心	瓣数	重瓣
瓣形	圆瓣	花蕾形态	圆尖形	花萼形态	尖形萼	子房形态	漏斗形
花梗长度	短梗	花梗刚毛	密	嫩枝颜色	浅棕红色	成熟枝颜色	绿色
叶色	深绿	叶面	平展	叶形	圆形 卵形	叶顶形	急尖 微凸
叶光泽度	无光泽	叶基形	偏斜行	叶缘锯齿	浅锯齿形和深锯齿形	刺体形态	平直刺
刺体密度	密	刺体大小	大 中 小	枝条曲直	直	始花期	中

培育国别与年代　法国 Meilland 1981年

亲本　(Pharaoh × Color Wonder) × [(Suspense × Suspense) × king's Ransom]

获奖　Japan Gold Medal 1981

我的选择 My Choice

系列：HT

初开花色	淡粉面 淡黄背	后期花色	变淡
单朵花期	约7天	花形	卷边杯形
花径	12cm	花香	浓香
花心	半露心	瓣数	重瓣
瓣形	圆瓣	花蕾形态	圆尖形
花萼形态	尖形萼	子房形态	漏斗形
花梗长度	中梗	花梗刚毛	无
嫩枝颜色	棕红色	成熟枝颜色	绿色
叶色	中绿	叶面	略皱
叶形	椭圆形	叶顶形	锐尖
叶光泽度	无光泽	叶基形	钝形
叶缘锯齿	浅粗锯齿形和深粗锯齿形	刺体形态	平直刺
刺体密度	多	刺体大小	大
枝条曲直	直	始花期	中
培育国别与年代		英国 Le Grice 1958年	
亲本		Wellworth × Ena Harkness	

加利瓦达 Gallivarda 系列：HT

初开花色	鲜红瓣黄背	后期花色	变淡	单朵花期	约7天	花形	高心翘角
花径	10cm	花香	微香	花心	半露心	瓣数	重瓣
瓣形	圆瓣	花蕾形态	圆尖形	花萼形态	羽形萼	子房形态	杯形
花梗长度	短梗	花梗刚毛	密	嫩枝颜色	浅棕红色	成熟枝颜色	绿色
叶色	翠绿	叶面	平展 叶脉间突起	叶形	椭圆形	叶顶形	锐尖
叶光泽度	有光泽	叶基形	钝形	叶缘锯齿	粗锯齿形	刺体形态	弯刺
刺体密度	多	刺体大小	中 小	枝条曲直	直	始花期	中

培育国别与年代　德国　Kordes　1980年

亲本　Konigin der Rosen × Wienna Charm

自由之钟 Liberty Bell 系列：HT

初开花色	红瓣白背	后期花色	变淡	单朵花期	约9天	花形	高心翘角
花径	15cm	花香	不香	花心	满心	瓣数	千重瓣
瓣形	圆瓣	花蕾形态	卵形	花萼形态	尖形萼	子房形态	漏斗形
花梗长度	中梗	花梗刚毛	密	嫩枝颜色	浅棕红色	成熟枝颜色	绿色
叶色	深绿	叶面	叶脉间突起	叶形	椭圆形	叶顶形	锐尖
叶光泽度	半光泽	叶基形	钝形	叶缘锯齿	浅粗细锯齿形和深粗锯齿形	刺体形态	平直刺
刺体密度	密	刺体大小	大	枝条曲直	直	始花期	中
培育国别与年代		德国 kordes 1963年					
亲本		Detroiter × Kordes' Perfecta					

红双喜 Double Delight 系列：HT

初开花色	红白复色	后期花色	变深	单朵花期	约8天	花形	牡丹形
花径	12cm	花香	浓香	花心	露心	瓣数	重瓣
瓣形	圆瓣	花蕾形态	圆尖形	花萼形态	尖形萼	子房形态	漏斗形
花梗长度	中梗	花梗刚毛	无	嫩枝颜色	绿色	成熟枝颜色	浅棕红色
叶色	中绿	叶面	粗糙	叶形	椭圆形	叶顶形	锐尖
叶光泽度	无光泽	叶基形	钝形	叶缘锯齿	细锯齿形	刺体形态	平直刺
刺体密度	多	刺体大小	大	枝条曲直	曲	始花期	很早

培育国别与年代　美国　Swim&Ellis　1977年

亲本　Granada × Garden Party

获奖　Baden—Baden Gold Medal 1976　Rome Gold Medal 1976
All America Rose Selection 1977　Belfast Fragranc Prize 1980
James Ale×ande Gamble Rose Fragrance Meda 1986

内维尔·吉布森 Neville Gibson 系列：HT

初开花色	粉面白背	后期花色	变淡	单朵花期	约8天	花形	卷边盘形		
花径	11cm	花香	不香	花心	半露心	瓣数	重瓣		
瓣形	圆瓣	花蕾形态	圆尖形	花萼形态	尖形萼	子房形态	筒形		
花梗长度	短梗	花梗刚毛	稀少 无	嫩枝颜色	浅棕红色	成熟枝颜色	绿色		
叶色	深绿	叶面	平展	叶形	圆形	叶顶形	锐尖		
叶光泽度	无光泽	叶基形	钝形 截形	叶缘锯齿	浅粗锯齿形和深粗锯齿形	刺体形态	斜直刺		
刺体密度	少	刺体大小	大	枝条曲直	直	始花期	中		

培育国别与年代 英国 Harkness 1982年

亲本 Red Planet × Seedling

获奖 Golden Rose Geneva，1980

英国小姐 English Miss 系列：HT

初开花色	红黄复色	后期花色	加重	单朵花期	约8天	花形	卷边盘形
花径	11cm	花香	微香	花心	散心	瓣数	重瓣
瓣形	圆瓣	花蕾形态	圆尖形	花萼形态	尖形萼	子房形态	筒形
花梗长度	短梗	花梗刚毛	无	嫩枝颜色	绿色	成熟枝颜色	绿色
叶色	深绿	叶面	平展	叶形	圆形	叶顶形	急尖
叶光泽度	无光泽	叶基形	钝形	叶缘锯齿	粗锯齿形	刺体形态	斜直刺
刺体密度	少	刺体大小	小	枝条曲直	直	始花期	中

培育国别与年代　英国　Cant　1978年

亲本　Dearest × Sweet Repose

东方快车 Orient Express 系列：HT

初开花色	朱红粉红混色	后期花色	变淡	单朵花期	约8天	花形	高心翘角
花径	11cm	花香	微香	花心	散心	瓣数	重瓣
瓣形	圆瓣	花蕾形态	圆尖形	花萼形态	尖形萼	子房形态	漏斗形
花梗长度	短梗	花梗刚毛	密	嫩枝颜色	浅棕红色	成熟枝颜色	绿色
叶色	中绿	叶面	平展	叶形	卵形 椭圆形	叶顶形	锐尖
叶光泽度	半光泽	叶基形	钝形	叶缘锯齿	粗锯齿形	刺体形态	弯刺 斜直刺
刺体密度	少	刺体大小	大	枝条曲直	曲	始花期	中
培育国别与年代		英国 Wheatcroft 1978年					
亲本		Sunblest × Seedling					

丹顶　丹頂

系列：HT

初开花色	红白复色	后期花色	变深
单朵花期	约8天	花形	高心翘角
花径	12cm	花香	不香
花心	散心	瓣数	重瓣
瓣形	圆瓣	花蕾形态	圆尖形
花萼形态	尖形萼	子房形态	杯形
花梗长度	短梗	花梗刚毛	无
嫩枝颜色	紫红色	成熟枝颜色	灰绿色
叶色	深绿	叶面	平展
叶形	椭圆形	叶顶形	锐尖
叶光泽度	半光泽	叶基形	钝性
叶缘锯齿	粗锯齿形	刺体形态	弯刺
刺体密度	少	刺体大小	中
枝条曲直	直	始花期	早
培育国别与年代		日本　京成	1986年

新歌舞剧 Neue Revue

系列：HT

初开花色	黄心白瓣红边	后期花色	变深
单朵花期	约8天	花形	卷边高心
花径	10cm	花香	不香
花心	旋心	瓣数	重瓣
瓣形	圆瓣	花蕾形态	圆尖形
花萼形态	羽形萼	子房形态	漏斗形
花梗长度	中梗	花梗刚毛	密
嫩枝颜色	浅棕红色	成熟枝颜色	绿色
叶色	中绿	叶面	平展 略皱
叶形	椭圆形	叶顶形	锐尖
叶光泽度	半光泽	叶基形	钝形
叶缘锯齿	浅粗锯齿形和深粗锯齿形	刺体形态	斜直刺
刺体密度	密	刺体大小	中 小
枝条曲直	直	始花期	中
培育国别与年代		德国 Kordes	1962年
亲本		Colour Wonder × Seedling	

摩纳哥公主
Princesse de Monaco
系列：HT

初开花色	白瓣粉晕	后期花色	褪淡
单朵花期	约8天	花形	荷花形
花径	11cm	花香	不香
花心	散心	瓣数	重瓣
瓣形	圆瓣	花蕾形态	圆尖形
花萼形态	尖形萼	子房形态	漏斗形
花梗长度	短梗	花梗刚毛	无
嫩枝颜色	浅棕红色	成熟枝颜色	绿色
叶色	深绿	叶面	平展
叶形	圆形 卵形	叶顶形	锐尖 急尖
叶光泽度	有光泽	叶基形	钝形
叶缘锯齿	锯齿形	刺体形态	斜直刺
刺体密度	少	刺体大小	中
枝条曲直	直	始花期	中
培育国别与年代		法国 Meilland 1982年	
亲本		Ambassador × Peace	

查柯克 Chacok 系列：HT

初开花色	黄瓣红晕	后期花色	褪淡	单朵花期	约8天	花形	高心翘角
花径	9cm	花香	不香	花心	旋心	瓣数	重瓣
瓣形	圆瓣	花蕾形态	圆尖形	花萼形态	尖形萼	子房形态	漏斗形
花梗长度	短梗	花梗刚毛	光滑	嫩枝颜色	紫红色	成熟枝颜色	紫红色
叶色	深绿	叶面	平展 略皱	叶形	圆形	叶顶形	锐尖 急尖
叶光泽度	无光泽	叶基形	钝形	叶缘锯齿	粗锯齿形	刺体形态	斜直刺
刺体密度	少	刺体大小	中	枝条曲直	直	始花期	中

培育国别与年代　法国　Meilland

亲本　Frenzy ×((Zambra × Suspense) × King's Ranson)

古龙 Kronenbourg 系列：HT

初开花色	红面黄背	后期花色	变淡	单朵花期	约6天	花形	卷边高心
花径	13cm	花香	微香	花心	散心	瓣数	重瓣
瓣形	圆瓣	花蕾形态	圆尖形	花萼形态	尖形萼	子房形态	漏斗形
花梗长度	短梗	花梗刚毛	无	嫩枝颜色	浅棕红色	成熟枝颜色	绿色
叶色	中绿	叶面	叶脉间突起	叶形	卵形	叶顶形	锐尖
叶光泽度	有光泽	叶基形	钝形	叶缘锯齿	浅粗锯齿形和深粗锯齿形	刺体形态	斜直刺
刺体密度	中	刺体大小	中	枝条曲直	曲	始花期	早
培育国别与年代		英国 McGredy 1965年					
亲本		“和平”芽变					

花车 花車 系列：HT

初开花色	红白复色	后期花色	变淡	单朵花期	约8天	花形	高心翘角
花径	14cm	花香	淡香	花心	散心	瓣数	千重瓣
瓣形	扇形瓣	花蕾形态	圆尖形	花萼形态	尖形萼	子房形态	漏斗形
花梗长度	中梗	花梗刚毛	无	嫩枝颜色	紫红色	成熟枝颜色	浅棕红色
叶色	深绿	叶面	平展	叶形	卵形	叶顶形	锐尖
叶光泽度	无光泽	叶基形	钝形	叶缘锯齿	浅粗锯齿形和深粗锯齿形	刺体形态	平直刺
刺体密度	少	刺体大小	小	枝条曲直	直	始花期	中

培育国别与年代　日本　Teranishi　1977年

亲本　[Kordes' Perfecta × (Kordes' Perfecta × American Heritage)]

花魂 Chivalry 系列：HT

初开花色	红面黄背	后期花色	变淡	单朵花期	约10天	花形	卷边高心
花径	10cm	花香	微香	花心	旋心	瓣数	重瓣
瓣形	圆瓣	花蕾形态	圆尖形	花萼形态	尖形萼	子房形态	杯形
花梗长度	短梗	花梗刚毛	密	嫩枝颜色	绿色	成熟枝颜色	绿色
叶色	中绿	叶面	平展	叶形	圆形 卵形	叶顶形	锐尖
叶光泽度	有光泽	叶基形	钝形	叶缘锯齿	浅粗锯齿形和深粗锯齿形	刺体形态	有直刺
刺体密度	少	刺体大小	中	枝条曲直	直	始花期	早
培育国别与年代		英国 McGredy 1977年					
亲本		Peer Gynt × Brasilia					

彩云　彩雲

系列：HT

初开花色	红橙粉混色	后期花色	变淡
单朵花期	约9天	花形	高心翘角
花径	10cm	花香	微香
花心	满心	瓣数	重瓣
瓣形	圆瓣	花蕾形态	圆尖形
花萼形态	尖形萼	子房形态	漏斗形
花梗长度	中梗	花梗刚毛	密
嫩枝颜色	浅棕红色	成熟枝颜色	绿色
叶色	深绿	叶面	平展
叶形	椭圆形	叶顶形	锐尖
叶光泽度	有光泽	叶基形	钝形
叶缘锯齿	粗锯齿形	刺体形态	斜直刺
刺体密度	多	刺体大小	小
枝条曲直	直	始花期	早
培育国别与年代		日本　京成　1980年	
亲本		[(Miss All-American Beauty × Kagayaki) × Unnamed Seeding]	

阿班斯 Ambiance

系列：HT

初开花色	黄色红晕	后期花色	变淡
单朵花期	约9天	花形	高心翘角
花径	10cm	花香	不香
花心	旋心	瓣数	千重瓣
瓣形	扇形瓣	花蕾形态	圆尖形
花萼形态	尖形萼	子房形态	漏斗形
花梗长度	短梗	花梗刚毛	密
嫩枝颜色	棕红色	成熟枝颜色	灰绿色
叶色	深绿	叶面	平展
叶形	椭圆形	叶顶形	锐尖
叶光泽度	有光泽	叶基形	钝形 截形
叶缘锯齿	浅粗锯齿形和深粗锯齿形	刺体形态	平直刺
刺体密度	少	刺体大小	大
枝条曲直	直	始花期	
培育国别与年代		比利时 Lens 1999年	

荣光　荣光　系列：HT

初开花色	红黄复色	后期花色	变淡	单朵花期	约9天	花形	卷边盘形
花径	13cm	花香	不香	花心	半露心	瓣数	重瓣
瓣形	扇形瓣	花蕾形态	圆尖形	花萼形态	尖形萼	子房形态	漏斗形
花梗长度	短梗	花梗刚毛	无	嫩枝颜色	翠绿色	成熟枝颜色	绿色
叶色	灰绿	叶面	平展	叶形	卵形	叶顶形	急尖
叶光泽度	无光泽	叶基形	心形	叶缘锯齿	锯齿形	刺体形态	斜直刺
刺体密度	少	刺体大小	小	枝条曲直	直	始花期	中

培育国别与年代　日本　京成　1978年

亲本　(Peace × Charleston) × Kagayaki

天国钟声 Angle Bells 系列：HT

初开花色	白瓣红晕	后期花色	变淡	单朵花期	约9天	花形	卷边盘形
花径	10cm	花香	不香	花心	露心	瓣数	重瓣
瓣形	扇形瓣	花蕾形态	圆尖形	花萼形态	尖形萼	子房形态	漏斗形
花梗长度	短梗	花梗刚毛	无	嫩枝颜色	绿色	成熟枝颜色	绿色
叶色	深绿	叶面	略皱	叶形	卵形	叶顶形	锐尖
叶光泽度	半光泽	叶基形	钝形	叶缘锯齿	浅粗锯齿形和深粗锯齿形	刺体形态	平直刺
刺体密度	多	刺体大小	中	枝条曲直	直	始花期	中
培育国别与年代		南非　1964年					
亲本		Peace × Rina Herholdt					

洋基歌 Yankee Doodle 系列：HT

初开花色	橙黄红晕	后期花色	变深	单朵花期	约9天	花形	卷边杯形
花径	11cm	花香	淡香	花心	多心	瓣数	千重瓣
瓣形	圆瓣	花蕾形态	圆尖形	花萼形态	尖形萼	子房形态	漏斗形
花梗长度	短梗	花梗刚毛	稀少	嫩枝颜色	浅棕红色	成熟枝颜色	绿色
叶色	中绿	叶面	平展	叶形	卵形	叶顶形	锐尖
叶光泽度	无光泽	叶基形	钝形	叶缘锯齿	锯齿形	刺体形态	平直刺
刺体密度	密	刺体大小	中 小	枝条曲直	直	始花期	晚

培育国别与年代　德国 Kordes 1965年

亲本　Colour Wonder × King's Ransom

获奖　All America Rose Selection 1976

哈雷彗星 系列：HT

初开花色	金黄瓣红晕	后期花色	变淡	单朵花期	约10天	花形	卷边高心
花径	11cm	花香	不香	花心	旋心	瓣数	千重瓣
瓣形	圆瓣	花蕾形态	圆尖形	花萼形态	尖形萼	子房形态	漏斗形
花梗长度	中梗	花梗刚毛	密	嫩枝颜色	紫红色	成熟枝颜色	灰绿色
叶色	灰绿	叶面	平展	叶形	椭圆形	叶顶形	锐尖
叶光泽度	无光泽	叶基形	截形	叶缘锯齿	粗锯齿形	刺体形态	斜直刺
刺体密度	密	刺体大小	大 中 小	枝条曲直	直	始花期	晚

培育国别与年代　中国农科院　1984年

亲本　‘战地黄花’(国内自育) × Arizona

获奖　1984年获北京市月季花展自育品种奖、北京市花卉展览会二等奖。

德克萨斯 Texas 系列：HT

初开花色	黄瓣红晕	后期花色	变深	单朵花期	约9天	花形	卷边杯形
花径	8cm	花香	不香	花心	半露心	瓣数	重瓣
瓣形	圆瓣	花蕾形态	圆尖形	花萼形态	尖形萼	子房形态	漏斗形
花梗长度	短梗	花梗刚毛	无	嫩枝颜色	棕红色	成熟枝颜色	绿色
叶色	深绿	叶面	平展	叶形	椭圆形	叶顶形	锐尖
叶光泽度	半光泽	叶基形	钝形	叶缘锯齿	粗锯齿形	刺体形态	平直刺
刺体密度	少	刺体大小	中	枝条曲直	直	始花期	晚

培育国别与年代　丹麦 Poulsen 1984年

亲本　Mini—Poul × Seedling

玛瓦利 Marvelle

系列：HT

初开花色	橙红底镶黄色条纹斑块	后期花色	变深
单朵花期	约9天	花形	卷边杯形
花径	11cm	花香	不香
花心	散心	瓣数	重瓣
瓣形	圆瓣	花蕾形态	圆尖形
花萼形态	尖形萼 羽形萼	子房形态	漏斗形
花梗长度	短梗	花梗刚毛	无
嫩枝颜色	浅棕红色	成熟枝颜色	绿色
叶色	灰绿	叶面	褶皱
叶形	椭圆形	叶顶形	锐尖
叶光泽度	无光泽	叶基形	钝形
叶缘锯齿	浅细锯齿形	刺体形态	斜直刺
刺体密度	少	刺体大小	中
枝条曲直	曲	始花期	中

培育国别与年代　新西兰 McGredy 1995年

亲本　[Louise Gardner × (Auckland Metro × Stars'n Stripes Seedling)]

阿比沙力卡 Abhisarika 系列：HT

初开花色	黄底红条纹金粉红混色	后期花色	变深	单朵花期	约9天	花形	高心翘角
花径	8cm	花香	微香	花心	半露心	瓣数	重瓣
瓣形	圆瓣	花蕾形态	圆尖形	花萼形态	尖形萼	子房形态	漏斗形
花梗长度	短梗	花梗刚毛	稀少	嫩枝颜色	浅棕红色	成熟枝颜色	绿色
叶色	中绿	叶面	平展	叶形	卵形	叶顶形	锐尖
叶光泽度	无光泽	叶基形	钝形	叶缘锯齿	浅粗锯齿形和深粗锯齿形	刺体形态	平直刺
刺体密度	少	刺体大小	小	枝条曲直	直	始花期	中

培育国别与年代　印度　1977年

亲本　Induced Mutant × Kiss of Fire

费迪南德·彼查德 Ferdinand Pichard 系列：HT

初开花色	红白嵌合	后期花色	变淡	单朵花期	约8天	花形	卷边盘形
花径	12cm	花香	微香	花心	旋心	瓣数	重瓣
瓣形	圆瓣	花蕾形态	圆尖形	花萼形态	尖形萼	子房形态	漏斗形
花梗长度	短梗	花梗刚毛	无	嫩枝颜色	绿色	成熟枝颜色	绿色
叶色	深绿	叶面	平展	叶形	卵形	叶顶形	锐尖
叶光泽度	有光泽	叶基形	钝形	叶缘锯齿	粗锯齿形	刺体形态	弯刺
刺体密度	少	刺体大小	小	枝条曲直	直	始花期	中

培育国别与年代　法国　Tanne　1921年

获奖　Royal Horticultural Society Award of Garden Merit 1993

丰花月季

(Floribunde Roses) F

丰花月季又称聚花月季，20世纪初丹麦月季育种家用多花抗寒的矮灌月季与花朵硕大的杂交茶香月季杂交，终于获得了一个崭新的月季类型。20世纪40年代以后，欧洲的丰花月季不断推陈出新，不论是花形花色还是植株生长形态几乎与杂交茶香月季相同，只是植株的高度不及杂交茶香月季，因此丰花月季是杂交茶香月季的缩小。1985年，英国培育出了带有浓香味的品种‘希拉之香’（‘Sheil's Perfume’），从此结束了丰花月季没有香味的历史。

丰花月季特别适宜花坛镶边种植或群植，也适宜盆栽展览。近来，丰花月季得到了广泛的应用，种植较普遍的有道路两侧、公园路径、居民小区、城市边角地等。以单朵花期长、开花量大、耐粗放管理、景观效果好等优良性状受到人们的喜爱。丰花月季的代表品种有‘希拉之香’（‘Sheil's Perfume’）、‘花房’（‘Hanabusa’）、‘尼可尔’（‘Nicole’）、‘伦特娜’（‘Len Turner’）等。

冰山 Iceberg 系列：F

初开花色	白色	后期花色	白色	单朵花期	约7天	花形	盘形
花径	7cm	花香	不香	花心	露心	瓣数	半重瓣
瓣形	圆瓣	花蕾形态	笔尖形	花萼形态	尖形萼	子房形态	筒形
花梗长度	短梗	花梗刚毛	密	嫩枝颜色	绿色	成熟枝颜色	绿色
叶色	翠绿	叶面	略皱	叶形	阔披针形	叶顶形	渐尖
叶光泽度	有光泽	叶基形	钝形	叶缘锯齿	粗锯齿形	刺体形态	平直刺
刺体密度	少	刺体大小	小	枝条曲直	直	始花期	很早

培育国别与年代　德国　Kordes　1958年

亲本　Robin Hood × Virgo

获奖　1958 NRS 金奖　1958 Baden—Baden 金奖

金玛丽82　Goldmarie 82　系列：MIN

初开花色	橙黄色	后期花色	变淡	单朵花期	约9天	花形	卷边盘形
花径	10cm	花香	不香	花心	半露心	瓣数	半重瓣
瓣形	扇形瓣	花蕾形态	圆尖形	花萼形态	尖形萼	子房形态	漏斗形
花梗长度	中梗	花梗刚毛	密	嫩枝颜色	浅棕红色	成熟枝颜色	浅棕红色
叶色	中绿	叶面	平展	叶形	椭圆形	叶顶形	锐尖
叶光泽度	有光泽	叶基形	钝形	叶缘锯齿	粗锯齿形	刺体形态	斜直刺
刺体密度	少	刺体大小	大	枝条曲直	直	始花期	很早

培育国别与年代　德国　Kordes　1984年

亲本　(Arthure Bell × Zorina) × (Honeymoon × Dr.A.J.Verhage) × Seedling × Friesia

丽莲·奥斯汀 Lilian Austin 系列：S

初开花色	金黄	后期花色	橙黄	单朵花期	约8天	花形	裂心
花径	8cm	花香	不香	花心	露心	瓣数	千重瓣
瓣形	扇形瓣	花蕾形态	球形	花萼形态	尖形萼	子房形态	漏斗形
花梗长度	短梗	花梗刚毛	无	嫩枝颜色	绿色	成熟枝颜色	绿色
叶色	中绿	叶面	平展	叶形	椭圆形	叶顶形	锐尖
叶光泽度	无光泽	叶基形	钝形	叶缘锯齿	锯齿形	刺体形态	斜直刺
刺体密度	少	刺体大小	大	枝条曲直	直	始花期	早

培育国别与年代　英国　Austin　1973年

亲本　Aloha × The Yeoman

太阳仙子 Sunsprite 系列：F

初开花色	金黄	后期花色	略淡	单朵花期	约7天	花形	卷边盘形
花径	7cm	花香	浓香	花心	半露心	瓣数	半重瓣
瓣形	扇形瓣	花蕾形态	圆尖形	花萼形态	尖形萼	子房形态	漏斗形
花梗长度	短梗	花梗刚毛	无	嫩枝颜色	绿色	成熟枝颜色	绿色
叶色	翠绿	叶面	平展	叶形	椭圆形	叶顶形	锐尖
叶光泽度	有光泽	叶基形	钝形	叶缘锯齿	浅粗锯齿形	刺体形态	斜直刺
刺体密度	少	刺体大小	中	枝条曲直	直	始花期	早

培育国别与年代　德国　Kordes　1977年

亲本　Friedrich Wörlen × Spanish Sun

获奖　Baden—Baden Gold Medal 1972

James Ale×ander Gamble Fragrance Award 1979

James Mason Memorial Medal 1989

花园城 Letchworth Garden City 系列：F

初开花色	淡黄淡粉晕	后期花色	变淡	单朵花期	约8天	花形	卷边杯形
花径	10cm	花香	淡香	花心	散心	瓣数	千重瓣
瓣形	圆瓣	花蕾形态	圆尖形	花萼形态	尖形萼	子房形态	漏斗形
花梗长度	中梗	花梗刚毛	稀少	嫩枝颜色	浅棕红色	成熟枝颜色	绿色
叶色	深绿	叶面	平展	叶形	圆形 卵形	叶顶形	急尖 微凸
叶光泽度	有光泽	叶基形	钝形	叶缘锯齿	浅粗锯齿形和深粗锯齿形	刺体形态	斜直刺
刺体密度	少	刺体大小	小	枝条曲直	直	始花期	中

培育国别与年代　英国 Harkness 1979年

亲本　(Sabine × Pineapple Poll) × (Circus × Mischief)

黑火山 Lavaglut 系列：F

初开花色	黑红	后期花色	黑红	单朵花期	约7天	花形	高心翘角
花径	8cm	花香	不香	花心	半露心	瓣数	重瓣
瓣形	圆瓣	花蕾形态	圆尖形	花萼形态	尖形萼	子房形态	漏斗形
花梗长度	中梗	花梗刚毛	多	嫩枝颜色	绿色	成熟枝颜色	绿色
叶色	灰绿	叶面	平展	叶形	圆形	叶顶形	锐尖 微凸
叶光泽度	无光泽	叶基形	钝形	叶缘锯齿	细锯齿形	刺体形态	平直刺
刺体密度	多	刺体大小	中	枝条曲直	直	始花期	很早

培育国别与年代　德国　Kordes　1978年

亲本　Gruss an Bayern × Unnamed Seedling

甜梦 Sweet Dream 系列：F

初开花色	淡黄色	后期花色	变淡	单朵花期	约8天	花形	卷边盘形
花径	5cm	花香	不香	花心	满心	瓣数	重瓣
瓣形	圆瓣	花蕾形态	圆尖形	花萼形态	尖形萼	子房形态	杯形
花梗长度	短梗	花梗刚毛	无	嫩枝颜色	绿色	成熟枝颜色	绿色
叶色	翠绿	叶面	平展	叶形	卵形	叶顶形	锐尖
叶光泽度	半光泽	叶基形	钝形	叶缘锯齿	细锯齿形	刺体形态	平直刺 斜直刺
刺体密度	少	刺体大小	中	枝条曲直	直	始花期	很早

培育国别与年代　英国　Fryer　1988年

亲本　Seedling × ([Anytime × Liverpool Echo] × [New Penny × Seedling)

获奖　Brilish Association of Rose breeders Rose of the year 1988.
Belfst Certificate of Merit 1990.
Royal Horticultural Society Awar of Garden Weri 1993.

J.B.C.先生 Mr.J.B.C.

系列：F

初开花色	金黄	后期花色	橙红
单朵花期	约8天	花形	盘形
花径	5cm	花香	不香
花心	露心	瓣数	重瓣
瓣形	扇形瓣	花蕾形态	笔尖形
花萼形态	羽形萼	子房形态	漏斗形
花梗长度	短梗	花梗刚毛	密
嫩枝颜色	浅棕红色	成熟枝颜色	绿色
叶色	翠绿	叶面	平展
叶形	卵形	叶顶形	锐尖
叶光泽度	半光泽	叶基形	钝形
叶缘锯齿	细锯齿形	刺体形态	斜直刺
刺体密度	密	刺体大小	小
枝条曲直	直	始花期	早
培育国别与年代		英国	Dickson 1993年

花房 系列：F

初开花色	朱红色	后期花色	变淡	单朵花期	约8天	花形	卷边盘形
花径	8cm	花香	不香	花心	露心	瓣数	单重瓣
瓣形	扇形瓣	花蕾形态	圆尖形	花萼形态	尖形萼	子房形态	漏斗形
花梗长度	短梗	花梗刚毛	密	嫩枝颜色	浅棕红色	成熟枝颜色	绿色
叶色	中绿	叶面	褶皱	叶形	卵形	叶顶形	锐尖
叶光泽度	无光泽	叶基形	钝形	叶缘锯齿	浅粗锯齿形	刺体形态	斜直刺
刺体密度	少	刺体大小	中	枝条曲直	曲	始花期	中

培育国别与年代　日本　京成　1981年

亲本　Sarabunde × (Rumba × Olympic × Torch)

橘红绸 Orange Silk 系列：F

初开花色	橘红色	后期花色	变淡	单朵花期	约8天	花形	卷边盘形
花径	7cm	花香	不香	花心	露心	瓣数	单瓣
瓣形	圆瓣	花蕾形态	笔尖形	花萼形态	尖形萼	子房形态	球形
花梗长度	短梗	花梗刚毛	密	嫩枝颜色	绿色	成熟枝颜色	灰绿色
叶色	中绿	叶面	平展	叶形	椭圆形	叶顶形	锐尖
叶光泽度	无光泽	叶基形	钝形	叶缘锯齿	浅粗锯齿形和深粗锯齿形	刺体形态	钩刺
刺体密度	多	刺体大小	中	枝条曲直	直	始花期	中

培育国别与年代　英国　MC Gredy　1968年

亲本　[Orangeade × (Ma Perkins × Independence)]

塞维利亚 La Sevillana 系列：F

初开花色	朱红色	后期花色	变深	单朵花期	约8天	花形	卷边杯形
花径	9cm	花香	不香	花心	半露心	瓣数	重瓣
瓣形	圆瓣	花蕾形态	圆尖形	花萼形态	尖形萼	子房形态	漏斗形
花梗长度	短梗	花梗刚毛	多	嫩枝颜色	绿色	成熟枝颜色	绿色
叶色	中绿	叶面	平展	叶形	椭圆形	叶顶形	锐尖
叶光泽度	半光泽	叶基形	钝形	叶缘锯齿	细锯齿形	刺体形态	弯刺
刺体密度	多	刺体大小	中 小	枝条曲直	直	始花期	晚

培育国别与年代　丹麦 Poulsen 1982年

亲本　[(Meibrim × Jolie Madam) × (Zambra × Zambra)] × [(Super Star × Super Star) × (Poppy Flash × Poppy Flash)]

桑顿 Santor 系列：F

初开花色	橘红色	后期花色	变淡	单朵花期	约8天	花形	卷边杯形
花径	7cm	花香	微香	花心	半露心	瓣数	重瓣
瓣形	圆瓣	花蕾形态	卵形	花萼形态	尖形萼	子房形态	漏斗形
花梗长度	短梗	花梗刚毛	无	嫩枝颜色	棕红色	成熟枝颜色	绿色
叶色	深绿	叶面	平展	叶形	圆形 卵形	叶顶形	急尖 微凸
叶光泽度	有光泽	叶基形	截形	叶缘锯齿	细锯齿形	刺体形态	斜直刺
刺体密度	少	刺体大小	中	枝条曲直	直	始花期	晚
培育国别与年代		英国 Sanday 1984年					

莫妮卡 Monica 系列：F

初开花色	鲜橘黄色	后期花色	变淡	单朵花期	约7天	花形	高心翘角		
花径	10cm	花香	不香	花心	露心	瓣数	半重瓣		
瓣形	扇形瓣	花蕾形态	圆尖形	花萼形态	尖形萼	子房形态	漏斗形		
花梗长度	短梗	花梗刚毛	无	嫩枝颜色	紫红色	成熟枝颜色	绿色		
叶色	深绿	叶面	平展	叶形	卵形	叶顶形	锐尖		
叶光泽度	有光泽	叶基形	钝形	叶缘锯齿	锯齿形	刺体形态	平直刺		
刺体密度	少	刺体大小	大	枝条曲直	直	始花期	中		
培育国别与年代		德国 Tantau 1985年							

神奇 Charisma 系列：F

初开花色	橙黄瓣鲜红晕	后期花色	变淡	单朵花期	约8天	花形	卷边盘形
花径	5cm	花香	不香	花心	半露心	瓣数	重瓣
瓣形	圆瓣	花蕾形态	圆尖形	花萼形态	尖形萼	子房形态	漏斗形
花梗长度	短梗	花梗刚毛	无	嫩枝颜色	紫红色	成熟枝颜色	紫红色
叶色	深绿	叶面	平展	叶形	椭圆形	叶顶形	锐尖
叶光泽度	无光泽	叶基形	钝形	叶缘锯齿	粗锯齿形	刺体形态	平直刺
刺体密度	少	刺体大小	小	枝条曲直	直	始花期	晚

培育国别与年代　美国　E.G.Hill　1977年
亲本　Gemini × Zorina
获奖　AARS 1978

世纪之春

系列：F

初开花色	粉色	后期花色	变淡
单朵花期	约8天	花形	卷边盘形
花径	7cm	花香	淡香
花心	露心	瓣数	半重瓣
瓣形	圆瓣	花蕾形态	圆尖形
花萼形态	尖形萼	子房形态	漏斗形
花梗长度	短梗	花梗刚毛	密
嫩枝颜色	浅棕红色	成熟枝颜色	绿色
叶色	灰绿	叶面	略皱
叶形	圆形	叶顶形	急尖
叶光泽度	半光泽	叶基形	截形
叶缘锯齿	浅粗锯齿形和深粗锯齿形	刺体形态	斜直刺
刺体密度	多	刺体大小	中
枝条曲直	直	始花期	很早
培育国别与年代		陕西 华阴 1999年	

杏花村 Betty Prior 系列：F

初开花色	粉色	后期花色	变淡	单朵花期	约10天	花形	卷边盘形
花径	4cm	花香	不香	花心	露心	瓣数	单瓣
瓣形	扇形瓣	花蕾形态	卵形	花萼形态	尖形萼	子房形态	球形
花梗长度	短梗	花梗刚毛	密	嫩枝颜色	绿色	成熟枝颜色	绿色
叶色	中绿	叶面	平展	叶形	圆形	叶顶形	急尖 微凸
叶光泽度	半光泽	叶基形	钝形	叶缘锯齿	细锯齿形	刺体形态	斜直刺
刺体密度	多	刺体大小	小	枝条曲直	曲	始花期	很早

培育国别与年代　西班牙　Prior　1935年

亲本　Kirsten Poulsen × Seedling

安吉拉 Angela 系列：F

初开花色	粉色	后期花色	变淡	单朵花期	约8天	花形	卷边盘形
花径	6cm	花香	不香	花心	露心	瓣数	单瓣
瓣形	扇形瓣	花蕾形态	圆尖形	花萼形态	尖形萼	子房形态	漏斗形
花梗长度	短梗	花梗刚毛	密	嫩枝颜色	浅棕红色	成熟枝颜色	绿色
叶色	翠绿	叶面	平展	叶形	圆形 卵形	叶顶形	锐尖 急尖
叶光泽度	有光泽	叶基形	钝形	叶缘锯齿	粗锯齿形	刺体形态	钩刺
刺体密度	多	刺体大小	中	枝条曲直	直	始花期	很早

培育国别与年代　德国 Kordes 1984年

亲本　Yesterday × Peter Frankenfeld

获奖　Angrkannte Deutsche Rose 1982

玛丽·格思里 Mary Guthrie 系列：F

初开花色	粉红	后期花色	变淡	单朵花期	约7天	花形	卷边盘形
花径	8cm	花香	微香	花心	露心	瓣数	单瓣
瓣形	剑瓣	花蕾形态	笔尖形	花萼形态	尖形萼	子房形态	球形
花梗长度	短梗	花梗刚毛	无	嫩枝颜色	浅棕红色	成熟枝颜色	绿色
叶色	中绿	叶面	褶皱	叶形	椭圆形	叶顶形	锐尖
叶光泽度	半光泽	叶基形	钝形 截形	叶缘锯齿	浅粗锯齿形	刺体形态	平直刺
刺体密度	多	刺体大小	大	枝条曲直	直	始花期	中

培育国别与年代　澳大利亚　Clark　1929年

亲本　Jersey Beauty × Scorcher

灯心草 Rush 系列：F

初开花色	粉边白瓣	后期花色	变淡	单朵花期	约8天	花形	盘形
花径	5cm	花香	不香	花心	露心	瓣数	单瓣
瓣形	扇形瓣	花蕾形态	笔尖形	花萼形态	尖形萼 羽形萼	子房形态	漏斗形
花梗长度	短梗	花梗刚毛	密	嫩枝颜色	浅棕红色	成熟枝颜色	绿色
叶色	浅绿 中绿	叶面	略皱	叶形	卵形	叶顶形	渐尖
叶光泽度	半光泽	叶基形	钝形	叶缘锯齿	锯齿形	刺体形态	斜直刺
刺体密度	少	刺体大小	大	枝条曲直	直	始花期	中

培育国别与年代　比利时　Lens　1983年

亲本　(Ballerina × Britannia) × Rosa Multif Lora

获奖　Lyon Rose of the Century 1982. Monza Glod Medal 1982. Rome Gold Medal 1982. Bagatelle Gold Medal 1986. The Hague Gold Medal 1988

祝你长寿
Many Happy Returns
系列：F

初开花色	淡粉	后期花色	变白
单朵花期	约8天	花形	卷边高心
花径	9cm	花香	微香
花心	旋心	瓣数	千重瓣
瓣形	圆瓣	花蕾形态	球形
花萼形态	尖形萼	子房形态	漏斗形
花梗长度	短梗	花梗刚毛	无
嫩枝颜色	浅棕红色	成熟枝颜色	绿色
叶色	深绿	叶面	平展
叶形	圆形	叶顶形	急尖
叶光泽度	无光泽	叶基形	钝形
叶缘锯齿	粗锯齿形	刺体形态	斜直刺
刺体密度	多	刺体大小	中
枝条曲直	直	始花期	晚
培育国别与年代		英国 Harkness 1991年	
亲本		Herbstfeuer × Pearl Drift	

利物浦的回声
Liverpool Echo
系列：F

初开花色	粉色	后期花色	变淡
单朵花期	约8天	花形	卷边盘形
花径	8cm	花香	不香
花心	旋心	瓣数	单瓣
瓣形	圆瓣	花蕾形态	圆尖形
花萼形态	尖形萼	子房形态	漏斗形
花梗长度	短梗	花梗刚毛	无
嫩枝颜色	绿色	成熟枝颜色	绿色
叶色	翠绿	叶面	平展
叶形	卵形	叶顶形	锐尖
叶光泽度	有光泽	叶基形	钝形
叶缘锯齿	粗锯齿形	刺体形态	平直刺
刺体密度	少	刺体大小	小
枝条曲直	直	始花期	中

培育国别与年代　新西兰　McGredy 1971nian

亲本　(Little Darling × Goldilocks) × Munchen

岩石嶙峋 Rocky 系列：F

初开花色	红色	后期花色	略淡	单朵花期	约8天	花形	盘形
花径	4cm	花香	不香	花心	露心	瓣数	千重瓣
瓣形	圆瓣	花蕾形态	圆尖形	花萼形态	尖形萼	子房形态	漏斗形
花梗长度	短梗	花梗刚毛	无	嫩枝颜色	紫红色	成熟枝颜色	浅棕红色
叶色	深绿	叶面	平展	叶形	披针形	叶顶形	渐尖
叶光泽度	无光泽	叶基形	钝形	叶缘锯齿	细锯齿形	刺体形态	平直刺
刺体密度	少	刺体大小	小	枝条曲直	直	始花期	很早

培育国别与年代　丹麦　Poulsen　1979年

亲本　Liverpoor Echo × [Evelyn Fison × (Orange Sweetheart × Frühlingsmorgen)]

马蒂尔德 Matilda 系列：F

初开花色	粉面黄背	后期花色	变淡	单朵花期	约6天	花形	卷边盘形
花径	5cm	花香	淡香	花心	露心	瓣数	重瓣
瓣形	扇形瓣	花蕾形态	圆尖形	花萼形态	尖形萼	子房形态	漏斗形
花梗长度	短梗	花梗刚毛	无	嫩枝颜色	绿色	成熟枝颜色	灰绿色
叶色	灰绿	叶面	略皱	叶形	卵形	叶顶形	锐尖
叶光泽度	无光泽	叶基形	钝形	叶缘锯齿	浅粗细锯齿形和深粗锯齿形	刺体形态	斜直刺
刺体密度	少	刺体大小	小	枝条曲直	直	始花期	早

培育国别与年代　法国　Meilland　1988年

亲本　Coppélia'76 × Nirvana

大教堂 Cathedral 系列：F

初开花色	粉橙混色	后期花色	变淡	单朵花期	约8天	花形	卷边盘形
花径	9cm	花香	微香	花心	散心	瓣数	半重瓣
瓣形	扇形瓣	花蕾形态	笔尖形	花萼形态	尖形萼	子房形态	漏斗形
花梗长度	短梗	花梗刚毛	无	嫩枝颜色	翠绿色	成熟枝颜色	绿色
叶色	黄绿	叶面	平展	叶形	椭圆形	叶顶形	锐尖
叶光泽度	有光泽	叶基形	钝形	叶缘锯齿	浅锯齿形和深锯齿形	刺体形态	平直刺
刺体密度	多	刺体大小	大	枝条曲直	曲	始花期	晚
培育国别与年代		英国 McGredy 1973年					
亲本		(Little Darling × Goldilocks) × Irish Mist					

连弹 連彈 系列：F

初开花色	红瓣白心白背	后期花色	变淡	单朵花期	约8天	花形	卷边盘形
花径	5cm	花香	不香	花心	露心	瓣数	单瓣
瓣形	圆瓣	花蕾形态	笔尖形	花萼形态	羽形萼	子房形态	漏斗形
花梗长度	短梗	花梗刚毛	无	嫩枝颜色	翠绿色	成熟枝颜色	紫红色
叶色	深绿	叶面	略皱	叶形	卵形	叶顶形	锐尖
叶光泽度	无光泽	叶基形	钝形	叶缘锯齿	粗锯齿形	刺体形态	平直刺
刺体密度	多	刺体大小	中	枝条曲直	直	始花期	中

培育国别与年代 日本 京成 1987年

亲本 (Queen Elizabeth × Peace) × (Sarabande × 天の川)

希拉之香 Sheila's Perfume

系列：F

初开花色	橙黄红复色	后期花色	变淡
单朵花期	约8天	花形	卷边盘形
花径	11cm	花香	浓香
花心	半露心	瓣数	重瓣
瓣形	扇形瓣	花蕾形态	圆尖形
花萼形态	尖形萼	子房形态	漏斗形
花梗长度	中梗	花梗刚毛	无
嫩枝颜色	浅棕红色	成熟枝颜色	绿色
叶色	深绿	叶面	平展
叶形	椭圆形	叶顶形	锐尖
叶光泽度	无光泽	叶基形	钝形
叶缘锯齿	粗锯齿形	刺体形态	斜直刺
刺体密度	少	刺体大小	中
枝条曲直	曲	始花期	很早

培育国别与年代　英国
J · Sheridan　1985年

亲本　Peer Gynt ×[Daily Sketch ×(Paddy Mc Gredy × Prima Ballerina)]

获奖　Edland Fragrance Award 1981.
Roual Natoual Rose Society Torridge Award 1991.
Glasgow Silver Medal 1989.
Glasgow Fargrance Award 1989

金钻黄金 Parure d'Or 系列：F

初开花色	黄瓣红晕	后期花色	略淡	单朵花期	约8天	花形	卷边盘形
花径	12cm	花香	不香	花心	满心	瓣数	重瓣
瓣形	圆瓣	花蕾形态	卵形	花萼形态	叶形萼 尖形萼	子房形态	漏斗形
花梗长度	短梗	花梗刚毛	无	嫩枝颜色	浅棕红色	成熟枝颜色	绿色
叶色	灰绿	叶面	平展	叶形	椭圆形	叶顶形	锐尖
叶光泽度	无光泽	叶基形	钝形	叶缘锯齿	粗锯齿形	刺体形态	弯刺 斜直刺
刺体密度	多	刺体大小	中 小	枝条曲直	直	始花期	中

培育国别与年代　法国　Delbard Chabert　1968年

亲本　Queen Elizabeth × Provence × (Seedling of Sultane × Mme Joseph Perraud)

获奖　Bagatelle Gold Medal 1968

亨利·玛蒂斯
Henri Matisse
系列：F

初开花色	红粉嵌合	后期花色	变淡
单朵花期	约7天	花形	卷边盘形
花径	11cm	花香	不香
花心	满心	瓣数	半重瓣
瓣形	圆瓣	花蕾形态	圆尖形
花萼形态	尖形萼	子房形态	漏斗形
花梗长度	短梗	花梗刚毛	无
嫩枝颜色	绿色	成熟枝颜色	绿色
叶色	深绿	叶面	平展
叶形	椭圆形	叶顶形	锐尖
叶光泽度	半光泽	叶基形	钝形
叶缘锯齿	锯齿形	刺体形态	斜直刺
刺体密度	多	刺体大小	中
枝条曲直	直	始花期	中
培育国别与年代		英国 Delbard 1997年	

藤本月季 

(Climbing Roses) CL

藤本月季是现代月季种群中亲缘关系非常庞杂的类型。该类型主要由一年一度开花和一年多次连续开花的藤本月季组成。一年一度开花的藤本月季是野生蔷薇与杂交长春月季以及杂交茶香月季、丰花月季、微型月季芽变而产生的系列品种。一年连续开花的藤本月季其亲缘关系更为复杂，被证实是由野生蔷薇与杂交茶香月季、麝香蔷薇与杂交茶香月季、波旁月季以及杂交茶香月季、杂交长春月季、丰花月季的芽变而产生的系列品种，对现代月季产生了极其深远的影响。

藤本月季的应用极其广泛，如道路护栏种植、各种造型种植等。藤本月季具有植株高大、强健、根系发达、生长迅速、抗旱抗病等优良性状，花朵有大花、丰花之分，花色丰富多彩，是城市家庭立体绿化的理想植材。该类型代表品种有：‘至高无上’（‘Altissimo’）、‘光谱’（‘Spectra’）、‘美利坚’（‘America’）等。

新的曙光 New Dawn 系列：CL

初开花色	白色泛淡橙色	后期花色	完全变白	单朵花期	约8天	花形	卷边盘形
花径	6cm	花香	微香	花心	满心	瓣数	重瓣
瓣形	扇形瓣	花蕾形态	球形	花萼形态	尖形萼	子房形态	漏斗形
花梗长度	短梗	花梗刚毛	密	嫩枝颜色	浅棕红色	成熟枝颜色	绿色
叶色	翠绿	叶面	平展	叶形	椭圆形	叶顶形	锐尖
叶光泽度	有光泽	叶基形	钝形	叶缘锯齿	锯齿形	刺体形态	斜直刺
刺体密度	多	刺体大小	大	枝条曲直	直	始花期	中

培育国别与年代　美国　Dreer　1930年

亲本　(R.Wichuraiana × Safrano) × Souvenir du President Carnot(Van Fleet 1910)

获奖　Royal Horticultural of Garden Merit 1993

World Federation of Rose Societies Wordld's Favorita Rose 1997

金色捧花 Golden Showers 系列：CL

初开花色	金黄	后期花色	变淡	单朵花期	约8天	花形	卷边盘形
花径	12cm	花香	淡香	花心	露心	瓣数	单重瓣
瓣形	扇形瓣	花蕾形态	笔尖形	花萼形态	羽形萼	子房形态	球形
花梗长度	短梗	花梗刚毛	无	嫩枝颜色	棕红色	成熟枝颜色	浅棕红色绿色
叶色	深绿	叶面	平展	叶形	卵形	叶顶形	锐尖
叶光泽度	有光泽	叶基形	钝形	叶缘锯齿	锯齿形	刺体形态	斜直刺
刺体密度	少	刺体大小	大	枝条曲直	直	始花期	很早

培育国别与年代　美国　Lammerts　1957年

亲本　Charlotte Armstrong × Capt.Thomas

获奖　All America Rose Selection 1957　Portland Gold Medal 1957
Royal Hertiultural Society Aword of Garden Merit 1993

至高无上 Altissimo 系列：CL

初开花色	鲜红色	后期花色	变深	单朵花期	约9天	花形	卷边盘形
花径	9cm	花香	不香	花心	露心	瓣数	单瓣
瓣形	圆瓣	花蕾形态	圆尖形	花萼形态	尖形萼	子房形态	漏斗形
花梗长度	短梗	花梗刚毛	稀少	嫩枝颜色	浅棕红色	成熟枝颜色	绿色
叶色	深绿	叶面	平展	叶形	卵形	叶顶形	锐尖
叶光泽度	无光泽	叶基形	截形	叶缘锯齿	锯齿形	刺体形态	斜直刺
刺体密度	多	刺体大小	中	枝条曲直	直	始花期	中

培育国别与年代　英国　Delbard–Chabert　1966年

亲本　Ténor × Seedling

西方大地 Westerland 系列：CL

初开花色	橘黄	后期花色	橘红	单朵花期	约8天	花形	卷边盘形
花径	10cm	花香	浓香	花心	露心	瓣数	半重瓣
瓣形	扇形瓣	花蕾形态	圆尖形	花萼形态	尖形萼	子房形态	漏斗形
花梗长度	短梗	花梗刚毛	多	嫩枝颜色	浅棕红色	成熟枝颜色	绿色
叶色	黄绿	叶面	平展 叶脉间突起	叶形	圆形	叶顶形	急尖
叶光泽度	半光泽	叶基形	钝形	叶缘锯齿	浅粗锯齿形和深粗锯齿形	刺体形态	斜直刺
刺体密度	多	刺体大小	大	枝条曲直	直	始花期	早

培育国别与年代 德国 Kordes 1969年

亲本 Friedrich W rlen × Circus

真金 Evergold 系列：CL

初开花色	橙色	后期花色	变淡	单朵花期	约6天	花形	卷边盘形
花径	9cm	花香	微香	花心	半露心	瓣数	重瓣
瓣形	圆瓣	花蕾形态	圆尖形	花萼形态	尖形萼	子房形态	漏斗形
花梗长度	短梗	花梗刚毛	密	嫩枝颜色	翠绿色	成熟枝颜色	绿色
叶色	黄绿	叶面	略皱	叶形	圆形 卵形	叶顶形	锐尖
叶光泽度	半光泽	叶基形	钝形	叶缘锯齿	锯齿形	刺体形态	斜直刺
刺体密度	少	刺体大小	小	枝条曲直	直	始花期	中
培育国别与年代		德国 1966年					

橘红火焰 Orange Fair 系列：CL

初开花色	朱红色	后期花色	变淡	单朵花期	约8天	花形	卷边盘形
花径	7cm	花香	不香	花心	露心	瓣数	单瓣
瓣形	扇形瓣	花蕾形态	圆尖形	花萼形态	尖形萼	子房形态	漏斗形
花梗长度	短梗	花梗刚毛	无	嫩枝颜色	紫红色	成熟枝颜色	浅棕红色
叶色	中绿	叶面	平展	叶形	卵形	叶顶形	锐尖
叶光泽度	半光泽	叶基形	钝形	叶缘锯齿	浅粗锯齿形和深粗锯齿形	刺体形态	斜直刺
刺体密度	少	刺体大小	小	枝条曲直	直	始花期	早

培育国别与年代　德国　Kordes　1988年

亲本　Orange Wave × Unnamed Seedling

游行 Parade

系列：CL

初开花色	粉色	后期花色	变淡
单朵花期	约8天	花形	卷边杯形
花径	9cm	花香	不香
花心	散心	瓣数	千重瓣
瓣形	圆瓣	花蕾形态	圆尖形
花萼形态	尖形萼	子房形态	漏斗形
花梗长度	短梗	花梗刚毛	稀少
嫩枝颜色	绿色	成熟枝颜色	绿色
叶色	灰绿	叶面	略皱
叶形	椭圆形	叶顶形	锐尖
叶光泽度	无光泽	叶基形	钝形
叶缘锯齿	粗锯齿形	刺体形态	平直刺
刺体密度	多	刺体大小	小
枝条曲直	曲	始花期	晚
培育国别与年代		美国 1953年	
亲本		Seedling of New Dawn × Climbing World's Fair	
获奖		Royal Horticultural Society Aweard of Garden Merit 1993	

同情 Compassion 系列：CL

初开花色	淡粉	后期花色	变淡泛白	单朵花期	约7天	花形	翘角盘形
花径	11cm	花香	浓香	花心	半露心	瓣数	半重瓣
瓣形	圆瓣	花蕾形态	圆尖形	花萼形态	尖形萼	子房形态	漏斗形
花梗长度	短梗	花梗刚毛	多	嫩枝颜色	浅棕红色	成熟枝颜色	绿色
叶色	深绿	叶面	平展	叶形	椭圆形	叶顶形	锐尖
叶光泽度	有光泽	叶基形	钝形	叶缘锯齿	锯齿形	刺体形态	斜直刺
刺体密度	少	刺体大小	小	枝条曲直	直	始花期	中

培育国别与年代　英国　Harkness　1972年

亲本　White Cockade × Prima Ballerina

获奖　Baden—Baden Gold Medal 1975　Geneva Gold Medal 1975
Orlegens Gold Medal 1979　Royal National Rose Society Fragrance Medal 1973
Anerkannte Deutsche Rose 1976
Royal Horticulture Society Award of Garde Merit 1993

光谱 Spectra 系列：CL

初开花色	红黄复色	后期花色	变淡	单朵花期	约10天	花形	卷边盘形
花径	10cm	花香	淡香	花心	满心	瓣数	千重瓣
瓣形	圆瓣	花蕾形态	圆尖形	花萼形态	尖形萼	子房形态	漏斗形
花梗长度	短梗	花梗刚毛	无	嫩枝颜色	浅棕红色	成熟枝颜色	绿色
叶色	深绿	叶面	平展	叶形	卵形	叶顶形	锐尖
叶光泽度	有光泽	叶基形	截形	叶缘锯齿	浅粗锯齿形和深粗锯齿形	刺体形态	平直刺
刺体密度	少	刺体大小	小	枝条曲直	直	始花期	很早
培育国别与年代		法国 Meilland 1983年					
亲本		(Kabuki × Peer Gynt) × (Zambra × Suspense) × King's Ransom					

微型月季

(Miniatures Roses) Min

中国小月季（*Rosa chinensis* var. *minima*）于18世纪传入欧洲后，欧洲育种家利用这一品系与本土品种进行杂交，培育出了微型月季系列，直至今日，微型月季系列已有700余种。可以说微型月季起源于中国，发展于欧洲。

微型月季属浅根性类型，植株矮小，成株最矮约30cm，最高约60cm，枝茎繁多纤细，叶片茂密而狭小，花朵小巧可爱，最小花朵只有1cm，最大花朵约3cm。微型月季几乎具备丰花月季生长形态、花形和花色在内的所有形状与特征，不足之处是缺乏香味。微型月季主要以扦插繁殖为主。年生长周期内一般可进行两次扦插繁殖，扦插成活率较高。微型月季的生长环境较为严格，首先土壤要求疏松透气、肥沃，光照必须充足，每日应满足6小时以上。另外，冬季寒冷的地区必须具备较好的防寒措施。

由于该类型花色绮丽动人，因此成为各种月季展会必不可少的展出内容。在实际应用中主要作花坛镶边种植或片植、鲜切花、盆栽、盆景等。其代表品种有：‘太阳姑娘’（‘Sunmaid’）、‘玛蒂’（‘Maidy’）、‘花花公子’（‘Playboy’）等。

黄色

金色的梅兰迪娜 Golden Meillandia 系列：MIN

初开花色	金黄色	后期花色	变白	单朵花期	约7天	花形	卷边盘形
花径	6cm	花香	不香	花心	半露心	瓣数	重瓣
瓣形	扇形瓣 剑瓣	花蕾形态	圆尖形	花萼形态	尖形萼	子房形态	漏斗形
花梗长度	短梗	花梗刚毛	无	嫩枝颜色	浅棕红色	成熟枝颜色	浅棕红色
叶色	深绿	叶面	平展	叶形	披针形	叶顶形	渐尖
叶光泽度	半光泽	叶基形	钝形	叶缘锯齿	浅细锯齿形和深锯齿形	刺体形态	斜直刺
刺体密度	少	刺体大小	大	枝条曲直	直	始花期	很早
培育国别与年代	美国 Moore 1977年						
亲本	‘Little Darling’ × ‘Yellow Magic’						

讲究的布鲁姆菲尔德 Bloomfield Dainty 系列：MIN

初开花色	橙黄	后期花色	米白	单朵花期	约6天	花形	卷边盘形
花径	4cm	花香	不香	花心	露心	瓣数	半重瓣
瓣形	扇形瓣	花蕾形态	球形	花萼形态	尖形萼	子房形态	漏斗形
花梗长度	短梗	花梗刚毛	无	嫩枝颜色	绿色	成熟枝颜色	绿色
叶色	翠绿	叶面	平展	叶形	披针形	叶顶形	锐尖
叶光泽度	有光泽	叶基形	钝形	叶缘锯齿	细锯齿形	刺体形态	弯刺
刺体密度	多	刺体大小	中	枝条曲直	直	始花期	早

培育国别与年代 美国 Thomas 1924年

亲本 Dana × Mme Edouard Herriot

甜蜜的戴安娜 Sweet Diana 系列：MIN

初开花色	金黄	后期花色	淡黄泛白	单朵花期	约7天	花形	卷边盘形
花径	4cm	花香	不香	花心	半露心	瓣数	重瓣
瓣形	扇形瓣	花蕾形态	圆尖形	花萼形态	尖形萼	子房形态	漏斗形
花梗长度	短梗	花梗刚毛	无	嫩枝颜色	翠绿色	成熟枝颜色	绿色
叶色	黄绿	叶面	平展	叶形	卵形	叶顶形	锐尖
叶光泽度	有光泽	叶基形	钝形	叶缘锯齿	细锯齿形	刺体形态	斜直刺
刺体密度	少	刺体大小	小	枝条曲直	直	始花期	晚
培育国别与年代		美国 Saville 1994年					
亲本		Cal Poly × June Laver					

红色亮片 Red Paillette

系列：MIN

初开花色	红色	后期花色	略变淡
单朵花期	约8天	花形	盘形
花径	4cm	花香	不香
花心	露心	瓣数	千重瓣
瓣形	圆瓣	花蕾形态	圆尖形
花萼形态	尖形萼	子房形态	漏斗形
花梗长度	短梗	花梗刚毛	无
嫩枝颜色	紫红色	成熟枝颜色	浅棕红色
叶色	深绿	叶面	平展
叶形	披针形	叶顶形	渐尖
叶光泽度	无光泽	叶基形	钝形
叶缘锯齿	细锯齿形	刺体形态	平直刺
刺体密度	少	刺体大小	小
枝条曲直	直	始花期	很早
培育国别与年代		丹麦 Poulsen 1998年	

太阳姑娘 Sunmaid 系列：MIN

初开花色	红黄复色	后期花色	变淡	单朵花期	约7天	花形	卷边盘形
花径	4cm	花香	淡香	花心	露心	瓣数	重瓣
瓣形	剑瓣	花蕾形态	圆尖形	花萼形态	尖形萼	子房形态	漏斗形
花梗长度	短梗	花梗刚毛	密	嫩枝颜色	浅棕红色	成熟枝颜色	绿色
叶色	中绿	叶面	平展	叶形	椭圆形	叶顶形	锐尖
叶光泽度	无光泽	叶基形	钝形	叶缘锯齿	细锯齿形	刺体形态	平直刺
刺体密度	多	刺体大小	小	枝条曲直	直	始花期	很早
培育国别与年代		美国 1972年					

热烈欢迎　Warm Welcome　系列：MIN

初开花色	橙红	后期花色	变淡	单朵花期	约8天	花形	卷边盘形
花径	5cm	花香	微香	花心	露心	瓣数	单瓣
瓣形	扇形瓣	花蕾形态	笔尖形	花萼形态	尖形萼	子房形态	漏斗形
花梗长度	短梗	花梗刚毛	密	嫩枝颜色	紫红色	成熟枝颜色	灰绿色
叶色	深绿	叶面	平展	叶形	卵形	叶顶形	锐尖
叶光泽度	无光泽	叶基形	钝形	叶缘锯齿	细锯齿形	刺体形态	斜直刺
刺体密度	多	刺体大小	大　小	枝条曲直	直	始花期	早

培育国别与年代　英国　Warner　1991年

亲本　[Elizabeth of Glamis × (Galway Bay × Sutters Guld)] × Anna Ford

仙女 The Friary 系列：MIN

初开花色	粉色	后期花色	变淡	单朵花期	约7天	花形	卷边盘形
花径	5cm	花香	不香	花心	露心	瓣数	重瓣
瓣形	圆瓣	花蕾形态	圆尖形	花萼形态	尖形萼	子房形态	漏斗形
花梗长度	短梗	花梗刚毛	密	嫩枝颜色	翠绿色	成熟枝颜色	绿色
叶色	深绿	叶面	平展	叶形	卵形	叶顶形	渐尖
叶光泽度	有光泽	叶基形	钝形	叶缘锯齿	细锯齿形	刺体形态	弯刺
刺体密度	多	刺体大小	中	枝条曲直	曲	始花期	晚

培育国别与年代 英国 Bentall 1932年

亲本 Paul Crampel × Lady Gay

彩虹 Rainbow's End

系列：MIN

初开花色	红黄复色	后期花色	变深
单朵花期	约8天	花形	卷边盘形
花径	4cm	花香	不香
花心	半露心	瓣数	重瓣
瓣形	圆瓣	花蕾形态	圆尖形
花萼形态	尖形萼	子房形态	漏斗形
花梗长度	短梗	花梗刚毛	无
嫩枝颜色	棕红色	成熟枝颜色	绿色
叶色	深绿	叶面	平展
叶形	卵形	叶顶形	锐尖
叶光泽度	无光泽	叶基形	钝形
叶缘锯齿	细锯齿形	刺体形态	平直刺
刺体密度	多	刺体大小	中 小
枝条曲直	直	始花期	中

培育国别与年代	美国 Sacille 1984年
亲本	Rise Shine × Watercolor
获奖	American Rose Society Award of E×cellence 1986

灌木月季
(Shurb Roses) S

灌木月季与蔓型月季是相互含混的，二者间种质近似，生长形态上差异微小，常给区分它们带来混乱。许多品种处于二者的“临界线”状态。实际上灌木月季涵盖了包括具有攀援性和蔓生性生长形态在内的多种类型的月季品种，是一个跨越蔓生性月季的更大的类群。根据1997年世界月季协会联合会批准颁布的“月季园艺分类法”，本书将包括蔓型月季在内的品种均归结至此篇介绍。

灌木月季具有攀援性、匍匐蔓生性等特点，其根系极其发达，入夏后植株基部抽生出繁多且生长势旺盛的藤状匍匐茎或挺拔的颀长枝条，藤状匍匐茎呈放射状蔓延，其长度可从几十厘米至几米不等，有些品种可触地生根。成年株单株年覆盖地面2～3m^2，其花朵较小，一般直径在2～3cm，单朵或多朵着生，着花枝短小。多株种植花开成片且持续开花，因此重复现花性极强。灌木月季耐高温、干旱，大部分品种极耐寒。高温多雨季节，一般不染黑斑病。无论夏季还是冬季，扦插繁殖成活率及成活质量均很高，故生产成本相对较低。

灌木月季具有护岸护坡、城市绿地滞尘、年生长量大、园艺造型可塑性强等优良形状而得到广泛应用。该类型代表品种有：‘巴西诺’（‘Bassino’）、‘白梅蒂兰’（‘White Meilland’）、‘猩红梅蒂兰’（‘Scartet Meidiland’）等。

肯特 Kent 系列：S

初开花色	白色	后期花色	白色	单朵花期	约7天	花形	盘形
花径	4cm	花香	不香	花心	露心	瓣数	重瓣
瓣形	扇形瓣	花蕾形态	圆尖形	花萼形态	尖形萼	子房形态	漏斗形
花梗长度	短梗	花梗刚毛	无	嫩枝颜色	绿色	成熟枝颜色	绿色
叶色	翠绿	叶面	平展	叶形	披针形	叶顶形	渐尖
叶光泽度	无光泽	叶基形	钝形	叶缘锯齿	细锯齿形	刺体形态	斜直刺
刺体密度	少	刺体大小	中	枝条曲直	直	始花期	中

培育国别与年代　丹麦 Poulsen 1988年

夏天的雪　Neige d' Ete　系列：S

初开花色	白色泛黄色	后期花色	白色	单朵花期	约8天	花形	卷边盘形
花径	6cm	花香	不香	花心	满心	瓣数	千重瓣
瓣形	扇形瓣	花蕾形态	圆尖形	花萼形态	尖形萼	子房形态	漏斗形
花梗长度	短梗	花梗刚毛	密	嫩枝颜色	绿色	成熟枝颜色	绿色
叶色	翠绿	叶面	平展	叶形	圆形	叶顶形	锐尖
叶光泽度	有光泽	叶基形	钝形	叶缘锯齿	锯齿形	刺体形态	斜直刺
刺体密度	少	刺体大小	小	枝条曲直	直	始花期	中

培育国别与年代　德国　Tantau　1998年

亲本　Seedling × Seedling

白梅朗 White Meidiland

系列：S

初开花色	白	后期花色	白
单朵花期	约9天	花形	包心菜形
花径	6cm	花香	微香
花心	多心	瓣数	千重瓣
瓣形	扇形瓣	花蕾形态	圆尖形
花萼形态	尖形萼	子房形态	漏斗形
花梗长度	短梗	花梗刚毛	无
嫩枝颜色	绿色	成熟枝颜色	绿色
叶色	深绿	叶面	褶皱
叶形	卵形	叶顶形	锐尖
叶光泽度	半光泽	叶基形	钝形
叶缘锯齿	浅粗锯齿形和深粗锯齿形	刺体形态	斜直刺
刺体密度	多	刺体大小	大
枝条曲直	直	始花期	中
培育国别与年代		法国 Meilland 1988年	
亲本		Temple Bells × Meiguram	

萨旺尼　Swany

系列：S

初开花色	白色泛黄	后期花色	全白
单朵花期	约8天	花形	高心翘角
花径	5cm	花香	不香
花心	旋心	瓣数	千重瓣
瓣形	扇形瓣	花蕾形态	圆尖形
花萼形态	尖形萼	子房形态	圆尖形
花梗长度	短梗	花梗刚毛	无
嫩枝颜色	绿色	成熟枝颜色	绿色
叶色	深绿	叶面	平展
叶形	披针形	叶顶形	渐尖
叶光泽度	半光泽	叶基形	钝形
叶缘锯齿	细锯齿形	刺体形态	平直刺
刺体密度	少	刺体大小	小
枝条曲直	直	始花期	晚
培育国别与年代		法国 Meilland 1978年	
亲本		Rosa Sempervirens × Mile Marthe Carron	
获奖		Royal Horticultural Society Award of Garden Merit 1994	

底格里斯河 Tigris 系列：S

初开花色	金黄瓣红瓣根	后期花色	变淡	单朵花期	约8天	花形	卷边盘形
花径	10cm	花香	微香	花心	露心	瓣数	千重瓣
瓣形	扇形瓣	花蕾形态	圆尖形	花萼形态	尖形萼	子房形态	漏斗形
花梗长度	短梗	花梗刚毛	无	嫩枝颜色	淡绿色	成熟枝颜色	浅棕红色
叶色	灰绿	叶面	上翘	叶形	披针形	叶顶形	渐尖
叶光泽度	无光泽	叶基形	钝形	叶缘锯齿	粗锯齿形	刺体形态	斜直刺
刺体密度	多	刺体大小	大	枝条曲直	曲	始花期	晚

培育国别与年代　英国　Harkness　1986年

亲本　Hulthemia Persica × Trier

撒哈拉　Sahara　系列：S

初开花色	黄瓣红晕	后期花色	变深	单朵花期	约9天	花形	牡丹形
花径	9cm	花香	不香	花心	半露心	瓣数	重瓣
瓣形	扇形瓣	花蕾形态	圆尖形	花萼形态	尖形萼	子房形态	漏斗形
花梗长度	短梗	花梗刚毛	无	嫩枝颜色	翠绿色	成熟枝颜色	绿色
叶色	中绿	叶面	褶皱	叶形	椭圆形	叶顶形	渐尖
叶光泽度	有光泽	叶基形	钝形	叶缘锯齿	粗锯齿形	刺体形态	斜直刺
刺体密度	少	刺体大小	中	枝条曲直	直	始花期	中

培育国别与年代　德国　Tantau　1996年

亲本　Unnamed Seedling × Unnamed Seedling

鸡尾酒 Cocktail

系列：S

初开花色	鲜红瓣黄心	后期花色	深红瓣粉心
单朵花期	约8天	花形	高心翘角
花径	7cm	花香	不香
花心	露心	瓣数	单瓣
瓣形	扇形瓣	花蕾形态	笔尖形
花萼形态	羽形萼	子房形态	杯形
花梗长度	短梗	花梗刚毛	密
嫩枝颜色	棕红色	成熟枝颜色	浅棕红色
叶色	深绿	叶面	平展
叶形	椭圆形	叶顶形	锐尖
叶光泽度	有光泽	叶基形	钝形
叶缘锯齿	浅细锯齿形和浅粗锯齿形	刺体形态	斜直刺
刺体密度	少	刺体大小	小
枝条曲直	直	始花期	中
培育国别与年代		法国 Meilland 1957年	
亲本		(Independence × Orange Triumph) × Phyllis Bide	

恋情火焰 Mainaufeuer 系列：S

初开花色	深红色	后期花色	略淡	单朵花期	约8天	花形	牡丹形
花径	6cm	花香	不香	花心	露心	瓣数	重瓣
瓣形	扇形瓣	花蕾形态	圆尖形	花萼形态	尖形萼	子房形态	球形
花梗长度	短梗	花梗刚毛	无	嫩枝颜色	棕红色	成熟枝颜色	绿色
叶色	深绿	叶面	平展	叶形	椭圆形	叶顶形	锐尖
叶光泽度	有光泽	叶基形	钝形	叶缘锯齿	细锯齿形	刺体形态	斜直刺
刺体密度	多	刺体大小	中	枝条曲直	直	始花期	中
培育国别与年代		德国 1990年					

多特蒙德 Dortmund 系列：S

初开花色	鲜红	后期花色	变淡	单朵花期	约8天	花形	卷边盘形
花径	7cm	花香	微香	花心	露心	瓣数	单瓣
瓣形	扇形瓣	花蕾形态	圆尖形	花萼形态	尖形萼	子房形态	球形
花梗长度	短梗	花梗刚毛	无	嫩枝颜色	绿色	成熟枝颜色	绿色
叶色	深绿	叶面	平展	叶形	卵形	叶顶形	渐尖
叶光泽度	有光泽	叶基形	钝形	叶缘锯齿	浅粗锯齿形和深粗锯齿形	刺体形态	弯刺
刺体密度	多	刺体大小	大	枝条曲直	曲	始花期	早

培育国别与年代　德国　Kordes　1955年

亲本　Seedling × Rosa Kordesii

获奖　Anerkannte Deutsche Rose 1954, Portland Gold Medal 1971

精灵女王 Fairy Queen 系列：S

初开花色	红色	后期花色	变淡	单朵花期	约9天	花形	卷边盘形
花径	2cm	花香	不香	花心	半露心	瓣数	重瓣
瓣形	扇形瓣	花蕾形态	球形	花萼形态	尖形萼	子房形态	漏斗形
花梗长度	短梗	花梗刚毛	无	嫩枝颜色	呆绿色	成熟枝颜色	灰绿色
叶色	中绿	叶面	平展	叶形	阔披针形	叶顶形	渐尖
叶光泽度	无光泽	叶基形	钝形	叶缘锯齿	细锯齿形	刺体形态	平直刺
刺体密度	少	刺体大小	小	枝条曲直	直	始花期	晚

培育国别与年代　美国　Williams　1971年

亲本　The Fairy × Queen Elizabeth

金色庆典
Golden Celebration
系列：S

初开花色	橙黄	后期花色	变淡
单朵花期	约8天	花形	裂心
花径	7cm	花香	微香
花心	满心	瓣数	千重瓣
瓣形	扇形瓣	花蕾形态	球形
花萼形态	尖形萼	子房形态	漏斗形
花梗长度	短梗	花梗刚毛	无
嫩枝颜色	浅棕红色	成熟枝颜色	绿色
叶色	中绿	叶面	平展 略皱
叶形	卵形 椭圆形	叶顶形	锐尖
叶光泽度	无光泽	叶基形	钝形
叶缘锯齿	粗锯齿形	刺体形态	斜直刺
刺体密度	少	刺体大小	中
枝条曲直	曲	始花期	中

培育国别与年代　英国　Austin　1992年

亲本　Charles Austin × Abraham Darby

提斯柏 Thisbe

系列：S

初开花色	淡橙色	后期花色	泛白
单朵花期	约8天	花形	卷边高心
花径	10cm	花香	淡香
花心	满心	瓣数	重瓣
瓣形	圆瓣	花蕾形态	球形
花萼形态	尖形萼	子房形态	杯形
花梗长度	短梗	花梗刚毛	无
嫩枝颜色	浅棕红色	成熟枝颜色	绿色
叶色	翠绿	叶面	平展
叶形	卵形	叶顶形	锐尖
叶光泽度	有光泽	叶基形	钝形 截形
叶缘锯齿	浅粗 锯齿形	刺体形态	斜直刺
刺体密度	多	刺体大小	中
枝条曲直	直	始花期	晚
培育国别与年代		英国 Pemberton 1918年	
亲本		“Daphne” 芽变	

天井公主 Patio Princess 系列：S

初开花色	橙色	后期花色	略淡	单朵花期	约7天	花形	卷边盘形
花径	6cm	花香	微香	花心	露心	瓣数	单瓣
瓣形	扇形瓣	花蕾形态	圆尖形	花萼形态	尖形萼	子房形态	漏斗形
花梗长度	短梗	花梗刚毛	无	嫩枝颜色	浅棕红色	成熟枝颜色	浅棕红色
叶色	深绿	叶面	平展	叶形	椭圆形	叶顶形	锐尖
叶光泽度	有光泽	叶基形	钝形	叶缘锯齿	细锯齿形	刺体形态	弯刺
刺体密度	多	刺体大小	大	枝条曲直	直	始花期	早

培育国别与年代 丹麦 Olesen 1989年

亲本 Mary Summer × Seedling

阿尔奇米斯特
Alchymist
系列：S

初开花色	橙色	后期花色	变淡
单朵花期	约7天	花形	包心菜形
花径	5cm	花香	不香
花心	多心	瓣数	千重瓣
瓣形	扇形瓣	花蕾形态	球形
花萼形态	尖形萼	子房形态	漏斗形
花梗长度	短梗	花梗刚毛	无
嫩枝颜色	翠绿色	成熟枝颜色	绿色
叶色	中绿	叶面	褶皱
叶形	卵形	叶顶形	锐尖
叶光泽度	有光泽	叶基形	钝形
叶缘锯齿	粗锯齿形	刺体形态	平直刺
刺体密度	多	刺体大小	中
枝条曲直	直	始花期	晚

培育国别与年代　德国 Kordes 1956年

亲本　Golden Glow × Rose Edanteria Hybrid

红莫扎特　Rote Mozart　系列：S

初开花色	朱红色	后期花色	变淡	单朵花期	约9天	花形	卷边盘形
花径	4cm	花香	不香	花心	露心	瓣数	单瓣
瓣形	圆瓣	花蕾形态	球形	花萼形态	尖形萼	子房形态	漏斗形
花梗长度	短梗	花梗刚毛	密	嫩枝颜色	棕红色	成熟枝颜色	绿色
叶色	中绿	叶面	平展	叶形	阔披针形	叶顶形	渐尖
叶光泽度	无光泽	叶基形	钝形	叶缘锯齿	细锯齿形	刺体形态	斜直刺
刺体密度	多	刺体大小	中	枝条曲直	直	始花期	中
培育国别与年代		德国　1989年					

猩红梅蒂兰 Scarlet Meidiland 系列：S

初开花色	朱红色	后期花色	变淡	单朵花期	约9天	花形	卷边杯形
花径	3cm	花香	不香	花心	露心	瓣数	半重瓣
瓣形	圆瓣	花蕾形态	圆尖形	花萼形态	尖形萼	子房形态	漏斗形
花梗长度	短梗	花梗刚毛	无	嫩枝颜色	翠绿色	成熟枝颜色	绿色
叶色	翠绿	叶面	平展	叶形	卵形	叶顶形	锐尖
叶光泽度	有光泽	叶基形	钝形	叶缘锯齿	粗锯齿形	刺体形态	斜直刺
刺体密度	少	刺体大小	小	枝条曲直	直	始花期	晚

培育国别与年代　法国 Meilland 1987年
亲本　Meltiraca × Clair Matin
获奖　Frankfurt Gold Medal 1989

米拉托 Mirato

系列：S

初开花色	粉色	后期花色	略变淡
单朵花期	约8天	花形	盘形
花径	2cm	花香	不香
花心	露心	瓣数	半重瓣
瓣形	圆瓣	花蕾形态	圆尖形
花萼形态	尖形萼	子房形态	漏斗形
花梗长度	短梗	花梗刚毛	无
嫩枝颜色	绿色	成熟枝颜色	绿色
叶色	深绿	叶面	平展
叶形	椭圆形	叶顶形	锐尖
叶光泽度	半光泽	叶基形	钝形
叶缘锯齿	细锯齿形	刺体形态	平直刺
刺体密度	少	刺体大小	小
枝条曲直	直	始花期	很早
培育国别与年代		德国 Tantou	1990年

雷根斯堡 Regensberg 系列：S

初开花色	淡粉	后期花色	变白	单朵花期	约6天	花形	卷边盘形
花径	1.5cm	花香	淡香	花心	露心	瓣数	半重瓣
瓣形	长阔瓣	花蕾形态	球形	花萼形态	尖形萼	子房形态	筒形
花梗长度	短梗	花梗刚毛	无	嫩枝颜色	淡绿色 绿色	成熟枝颜色	绿色
叶色	浅绿	叶面	粗糙	叶形	椭圆形	叶顶形	锐尖
叶光泽度	无光泽	叶基形	钝形	叶缘锯齿	锯齿形	刺体形态	平直刺 斜直刺
刺体密度	少	刺体大小	小	枝条曲直	直	始花期	很早

培育国别与年代 德国 Kordes 1979年

亲本 Gruss an Bayern × Unnamed Seedling

淡紫色的梦 Lavender Dream 系列：S

初开花色	粉色	后期花色	变淡	单朵花期	约7天	花形	卷边盘形
花径	2cm	花香	淡香	花心	露心	瓣数	单瓣
瓣形	扇形瓣	花蕾形态	球形	花萼形态	尖形萼	子房形态	漏斗形
花梗长度	短梗	花梗刚毛	密	嫩枝颜色	绿色	成熟枝颜色	绿色
叶色	中绿	叶面	平展	叶形	椭圆形	叶顶形	锐尖
叶光泽度	半光泽	叶基形	钝形	叶缘锯齿	浅粗锯齿形和深粗锯齿形	刺体形态	斜直刺
刺体密度	少	刺体大小	中	枝条曲直	曲	始花期	很早

培育国别与年代　英国　Ilsink　1984年

亲本　Yesterday × Nastarana

赫福特雪莉 Hertfordshire 系列：S

初开花色	粉色	后期花色	变淡	单朵花期	约8天	花形	卷边盘形
花径	4cm	花香	不香	花心	露心	瓣数	单瓣
瓣形	扇形瓣	花蕾形态	圆尖形	花萼形态	尖形萼	子房形态	杯形
花梗长度	短梗	花梗刚毛	无	嫩枝颜色	浅棕红色	成熟枝颜色	绿色
叶色	翠绿	叶面	平展	叶形	阔披针形	叶顶形	锐尖
叶光泽度	有光泽	叶基形	钝形	叶缘锯齿	细锯齿形	刺体形态	斜直刺
刺体密度	多	刺体大小	小	枝条曲直	直	始花期	早
培育国别与年代		德国 Kordes 1991年					

罗森多夫·斯帕瑞舒伯 Rosendorf Sparrieshoop 系列：S

初开花色	淡粉色	后期花色	淡粉	单朵花期	约7天	花形	卷边盘形		
花径	8cm	花香	不香	花心	露心	瓣数	单瓣		
瓣形	圆阔瓣	花蕾形态	圆尖形	花萼形态	尖形萼	子房形态	球形		
花梗长度	短梗	花梗刚毛	无	嫩枝颜色	浅棕红色	成熟枝颜色	绿色		
叶色	中绿	叶面	平展	叶形	圆形	叶顶形	急尖		
叶光泽度	半光泽	叶基形	钝形	叶缘锯齿	粗锯齿形	刺体形态	斜直刺		
刺体密度	多	刺体大小	大	枝条曲直	直	始花期	中		
培育国别与年代		德国 Kordes 1988年							

舒伯特 Schbert 系列：S

初开花色	粉瓣白心	后期花色	变淡	单朵花期	约8天	花形	卷边盘形
花径	3cm	花香	微香	花心	露心	瓣数	单瓣
瓣形	圆瓣	花蕾形态	球形	花萼形态	尖形萼	子房形态	漏斗形
花梗长度	短梗	花梗刚毛	稀少	嫩枝颜色	棕红色	成熟枝颜色	绿色
叶色	中绿	叶面	平展	叶形	阔披针形	叶顶形	渐尖
叶光泽度	无光泽	叶基形	钝形	叶缘锯齿	浅粗锯齿形	刺体形态	斜直刺
刺体密度	少	刺体大小	小	枝条曲直	直	始花期	晚

培育国别与年代　比利时　Lens　1984年

亲本　Ballerina × R.multiflora

艾利维斯赫尔恩
Elveshörn
系列：S

初开花色	粉红	后期花色	变淡
单朵花期	约8天	花形	卷边盘形
花径	5cm	花香	微香
花心	多心	瓣数	重瓣
瓣形	圆瓣	花蕾形态	圆尖形
花萼形态	尖形萼	子房形态	漏斗形
花梗长度	短梗	花梗刚毛	无
嫩枝颜色	绿色	成熟枝颜色	绿色
叶色	翠绿	叶面	略皱
叶形	卵形	叶顶形	锐尖
叶光泽度	半光泽	叶基形	钝形
叶缘锯齿	锯齿形	刺体形态	平直刺
刺体密度	多	刺体大小	中
枝条曲直	曲	始花期	晚
培育国别与年代		德国 Kordes 1985年	
亲本		The Fairy × Seedling	

桃花 Peach Blossom 系列：S

初开花色	淡粉	后期花色	变淡	单朵花期	约7天	花形	卷边盘形
花径	5cm	花香	微香	花心	露心	瓣数	半重瓣
瓣形	扇形瓣	花蕾形态	圆尖形	花萼形态	尖形萼	子房形态	漏斗形
花梗长度	短梗	花梗刚毛	无	嫩枝颜色	翠绿色	成熟枝颜色	绿色
叶色	翠绿	叶面	褶皱	叶形	椭圆形	叶顶形	锐尖
叶光泽度	半光泽	叶基形	钝形	叶缘锯齿	浅细锯齿形和深细锯齿形	刺体形态	平直刺
刺体密度	密	刺体大小	大	枝条曲直	直	始花期	晚
培育国别与年代		英国 Austion 1990年					
亲本		The Prioress × Mary Rose					

夏天的早晨 Sommermorgen 系列：s

初开花色	粉色	后期花色	变淡	单朵花期	约8天	花形	卷边盘形
花径	5cm	花香	不香	花心	露心	瓣数	重瓣
瓣形	扇形瓣	花蕾形态	圆尖形	花萼形态	尖形萼	子房形态	漏斗形
花梗长度	短梗	花梗刚毛	密	嫩枝颜色	绿色	成熟枝颜色	绿色
叶色	中绿	叶面	略皱	叶形	卵形	叶顶形	锐尖
叶光泽度	半光泽	叶基形	截形	叶缘锯齿	锯齿形	刺体形态	平直刺
刺体密度	多	刺体大小	大	枝条曲直	曲	始花期	晚

培育国别与年代　德国　Kordes　1991年

亲本　Weisse × Immensee × Goldmarie

粉色的伊丽莎白雅顿 Pink Elizabeth Arden 系列：S

初开花色	淡粉	后期花色	变白	单朵花期	约7天	花形	卷边盘形
花径	5cm	花香	不香	花心	旋心	瓣数	半重瓣
瓣形	扇形瓣	花蕾形态	圆尖形	花萼形态	尖形萼	子房形态	漏斗形
花梗长度	短梗	花梗刚毛	密	嫩枝颜色	绿色	成熟枝颜色	绿色
叶色	深绿	叶面	平展	叶形	圆形	叶顶形	急尖
叶光泽度	半光泽	叶基形	钝形	叶缘锯齿	细锯齿形	刺体形态	平直刺
刺体密度	多	刺体大小	小	枝条曲直	直	始花期	中

培育国别与年代　德国　Tantau　1964年

亲本　Weisse × Immensee × Goldmarie

克莱尔玫瑰 Claire Rose 系列：S

初开花色	淡粉	后期花色	变淡泛白	单朵花期	约8天	花形	包心菜形
花径	5cm	花香	微香	花心	裂心	瓣数	千重瓣
瓣形	扇形瓣	花蕾形态	球形	花萼形态	尖形萼	子房形态	漏斗形
花梗长度	短梗	花梗刚毛	无	嫩枝颜色	浅棕红色	成熟枝颜色	绿色
叶色	深绿	叶面	平展	叶形	圆形	叶顶形	急尖
叶光泽度	有光泽	叶基形	钝形	叶缘锯齿	粗锯齿形	刺体形态	平直刺
刺体密度	多	刺体大小	中	枝条曲直	直	始花期	中

培育国别与年代　英国　Austin　1990年

亲本　Charles Austin × (Seedling × Iceberg)

公平的马乔 Marjorie Fair 系列：S

初开花色	红色	后期花色	变淡	单朵花期	约8天	花形	卷边盘形
花径	3cm	花香	微香	花心	露心	瓣数	单瓣
瓣形	扇形瓣	花蕾形态	圆尖形	花萼形态	尖形萼	子房形态	漏斗形
花梗长度	短梗	花梗刚毛	密	嫩枝颜色	翠绿色	成熟枝颜色	翠绿
叶色	翠绿	叶面	平展 叶脉间突起	叶形	长椭圆形	叶顶形	锐尖
叶光泽度	有光泽	叶基形	钝形	叶缘锯齿	粗锯齿形	刺体形态	钩刺
刺体密度	少	刺体大小	大	枝条曲直	直	始花期	晚

培育国别与年代　英国　Harkness　1977年

亲本　Ballerina × Bady Faurax

获奖　Copenhagen First Prize 1977. Nordrose Gold Medal 1977. Rome Gold Medal 1977. Royal National Rose Society Trial Ground Certificate 1977. Baden Baden GolgMedal 1979. Anerkannte Deutsche Rose 1980. Paris Paysaye Prize 1988

斯帕瑞舒伯 Sparrieshoop 系列：s

初开花色	粉色	后期花色	变淡	单朵花期	约5天	花形	卷边盘形
花径	5cm	花香	淡香	花心	露心	瓣数	单瓣
瓣形	扇形瓣	花蕾形态	笔尖形	花萼形态	尖形萼	子房形态	杯形
花梗长度	短梗	花梗刚毛	密	嫩枝颜色	浅棕红色	成熟枝颜色	绿色
叶色	深绿	叶面	平展	叶形	椭圆形	叶顶形	锐尖
叶光泽度	无光泽	叶基形	钝形	叶缘锯齿	粗锯齿形	刺体形态	平直刺
刺体密度	多	刺体大小	小	枝条曲直	直	始花期	晚

培育国别与年代　德国　Kordes　1953年

亲本　(Bady Chateau × Else Poulsen) × Magnifica

花毯 Flower Carpet 系列：S

初开花色	粉色	后期花色	变淡	单朵花期	约8天	花形	卷边盘形
花径	4cm	花香	微香	花心	露心	瓣数	重瓣
瓣形	扇形瓣	花蕾形态	圆尖形	花萼形态	尖形萼	子房形态	漏斗形
花梗长度	短梗	花梗刚毛	无	嫩枝颜色	绿色	成熟枝颜色	绿色
叶色	深绿	叶面	平展	叶形	椭圆形	叶顶形	锐尖
叶光泽度	有光泽	叶基形	钝形	叶缘锯齿	锯齿形	刺体形态	弯刺
刺体密度	多	刺体大小	小	枝条曲直	曲	始花期	晚

培育国别与年代　德国 Noack 1989年

亲本　Grouse × Amanda

获奖　Glasgow Gold Medal 1993.
Royal Horticultural Society Award og Garden Merit 1993

凯瑟琳·费里尔 Kathleen Ferrier 系列：S

初开花色	粉瓣白瓣根	后期花色	变淡	单朵花期	约8天	花形	卷边盘形
花径	5cm	花香	不香	花心	露心	瓣数	单瓣
瓣形	扇形瓣	花蕾形态	圆尖形	花萼形态	尖形萼	子房形态	漏斗形
花梗长度	短梗	花梗刚毛	无	嫩枝颜色	绿色	成熟枝颜色	绿色
叶色	翠绿	叶面	平展	叶形	椭圆形	叶顶形	锐尖
叶光泽度	有光泽	叶基形	钝形	叶缘锯齿	浅细锯齿形和深细锯齿形	刺体形态	平直刺
刺体密度	少	刺体大小	中	枝条曲直	直	始花期	中

培育国别与年代　荷兰　Buisman　1952年

亲本　Gartenstolz × Shot Silk

获奖　National Rose Society Trial Ground Certificate 1955

坦诚 Nozomi 系列：S

初开花色	淡粉	后期花色	变白	单朵花期	约8天	花形	卷边盘形
花径	2cm	花香	不香	花心	露心	瓣数	单瓣
瓣形	扇形瓣	花蕾形态	圆尖形	花萼形态	尖形萼	子房形态	漏斗形
花梗长度	短梗	花梗刚毛	无	嫩枝颜色	浅棕红色	成熟枝颜色	绿色
叶色	深绿	叶面	平展	叶形	披针形	叶顶形	渐尖
叶光泽度	半光泽	叶基形	钝形	叶缘锯齿	细锯齿形	刺体形态	平直刺
刺体密度	密	刺体大小	中	枝条曲直	直	始花期	晚

培育国别与年代　日本　Onodera　1968年

亲本　Fairy Princdss × Sweet Fairy

晨雾 Morning Mist 系列：s

初开花色	粉红	后期花色	变深	单朵花期	约8天	花形	卷边杯形
花径	4cm	花香	微香	花心	露心	瓣数	单瓣
瓣形	圆瓣	花蕾形态	笔尖形	花萼形态	尖形萼	子房形态	球形
花梗长度	短梗	花梗刚毛	稀少	嫩枝颜色	浅棕红色	成熟枝颜色	绿色
叶色	灰绿	叶面	褶皱	叶形	卵形	叶顶形	急尖
叶光泽度	半光泽	叶基形	钝形	叶缘锯齿	粗锯齿形	刺体形态	弯刺 斜直刺
刺体密度	少	刺体大小	大	枝条曲直	直	始花期	中
培育国别与年代		英国 Austin 1996年					

夏风 Sommerwind 系列：S

初开花色	粉色	后期花色	变淡	单朵花期	约8天	花形	卷边盘形
花径	4cm	花香	不香	花心	露心	瓣数	单瓣
瓣形	圆瓣	花蕾形态	圆尖形	花萼形态	羽形萼	子房形态	漏斗形
花梗长度	短梗	花梗刚毛	无	嫩枝颜色	浅棕红色	成熟枝颜色	绿色
叶色	深绿	叶面	平展	叶形	卵形	叶顶形	锐尖
叶光泽度	有光泽	叶基形	钝形	叶缘锯齿	细锯齿形	刺体形态	斜直刺
刺体密度	多	刺体大小	大	枝条曲直	曲	始花期	晚

培育国别与年代　德国　Kordes　1988年

亲本　The Fairy × Seedling

获奖　Royal National Rose Society Gold Medal 1987.
Royal Horticultral Society Award of Garden Merit 1993

超级多萝西
Super Derothy
系列：S

初开花色	粉色	后期花色	变淡
单朵花期	约8天	花形	菊花形
花径	6cm	花香	淡香
花心	满心	瓣数	千重瓣
瓣形	剑瓣	花蕾形态	圆尖形
花萼形态	尖形萼	子房形态	筒形
花梗长度	短梗	花梗刚毛	无
嫩枝颜色	翠绿色	成熟枝颜色	绿色
叶色	翠绿	叶面	粗糙
叶形	阔披针形	叶顶形	渐尖
叶光泽度	有光泽	叶基形	钝形
叶缘锯齿	粗锯齿形	刺体形态	平直刺
刺体密度	少	刺体大小	中
枝条曲直	直	始花期	中

培育国别与年代　德国 Hetzsl 1986年

亲本　Dorothy Perkins × Unidentified Repeat Flowering Rose

修母主教 Cardinal Hume 系列：S

初开花色	深蓝紫	后期花色	略淡	单朵花期	约8天	花形	卷边盘形
花径	7cm	花香	微香	花心	半露心	瓣数	半重瓣
瓣形	圆形瓣	花蕾形态	圆尖形	花萼形态	尖形萼	子房形态	漏斗形
花梗长度	短梗	花梗刚毛	无	嫩枝颜色	棕红色	成熟枝颜色	紫红色
叶色	深绿	叶面	平展	叶形	卵形	叶顶形	锐尖
叶光泽度	无光泽	叶基形	钝形	叶缘锯齿	锯齿形	刺体形态	斜直刺
刺体密度	少	刺体大小	小	枝条曲直	直	始花期	中

培育国别与年代　英国　Harkness　1984年

亲本　Seedling × Frank Naylor

紫云 Shiun 系列：S

初开花色	蓝紫色	后期花色	变淡	单朵花期	约8天	花形	高心翘角
花径	11cm	花香	不香	花心	旋心	瓣数	重瓣
瓣形	剑瓣	花蕾形态	圆尖形	花萼形态	尖形萼	子房形态	杯形
花梗长度	短梗	花梗刚毛	无	嫩枝颜色	浅棕红色	成熟枝颜色	绿色
叶色	深绿	叶面	平展	叶形	椭圆形	叶顶形	锐尖 急尖
叶光泽度	无光泽	叶基形	钝形	叶缘锯齿	锯齿形	刺体形态	斜直刺
刺体密度	多	刺体大小	中	枝条曲直	直	始花期	晚

培育国别与年代　日本　东成　1984年

亲本　(Blue Moon × Twilight) × (Red American Beauty × Happiness)

蓝色的拉彼索迪 Rhapsody in Blue 系列：S

初开花色	深蓝紫	后期花色	变淡	单朵花期	约6天	花形	卷边盘形
花径	6cm	花香	淡香	花心	露心	瓣数	单瓣
瓣形	扇形瓣	花蕾形态	圆尖形	花萼形态	尖形萼	子房形态	球形
花梗长度	短梗	花梗刚毛	无	嫩枝颜色	绿色	成熟枝颜色	绿色
叶色	翠绿	叶面	平展	叶形	椭圆形	叶顶形	锐尖
叶光泽度	半光泽	叶基形	钝形	叶缘锯齿	粗锯齿形	刺体形态	弯刺
刺体密度	少	刺体大小	中	枝条曲直	直	始花期	早

培育国别与年代　美国　Cowlishaw　2000年
亲本　Summer Wine × Seedling

紫色花园　紫の园

系列：S

初开花色	蓝紫	后期花色	变淡
单朵花期	约7天	花形	卷边盘形
花径	7cm	花香	不香
花心	露心	瓣数	半重瓣
瓣形	扇形瓣	花蕾形态	圆尖形
花萼形态	尖形萼	子房形态	漏斗形
花梗长度	短梗	花梗刚毛	无
嫩枝颜色	浅棕红色	成熟枝颜色	灰绿色
叶色	灰绿	叶面	平展
叶形	卵形	叶顶形	锐尖
叶光泽度	无光泽	叶基形	钝形
叶缘锯齿	粗锯齿形	刺体形态	平直刺
刺体密度	少	刺体大小	小
枝条曲直	曲	始花期	中

培育国别与年代　日本 小林森治 1984年

亲本　Tasogare × Unnamed Seedling

获奖　Baden—Baden Gold Medal

红梅郎蒂 Red Meidiland 系列：S

初开花色	红面白背	后期花色	变淡	单朵花期	约8天	花形	卷边盘形
花径	6cm	花香	不香	花心	露心	瓣数	单瓣
瓣形	扇形瓣	花蕾形态	圆尖形	花萼形态	尖形萼	子房形态	杯形
花梗长度	短梗	花梗刚毛	无	嫩枝颜色	浅棕红色	成熟枝颜色	绿色
叶色	翠绿	叶面	平展	叶形	圆形	叶顶形	急尖 微凸
叶光泽度	有光泽	叶基形	钝形	叶缘锯齿	粗锯齿形	刺体形态	弯刺
刺体密度	多	刺体大小	大	枝条曲直	直	始花期	中

培育国别与年代　法国　Meilland　1989年

亲本　Sea Foam × (Picasso × Eyepaint)

获奖　Royal National Rose Society Certificatc of Merit 1984.
Courtral Certificate of Merit 1986

无忧无虑 Carefree Wonder 系列：S

初开花色	粉色背较浅	后期花色	变淡	单朵花期	约7天	花形	卷边盘形
花径	9cm	花香	不香	花心	露心	瓣数	重瓣
瓣形	圆瓣	花蕾形态	圆尖形	花萼形态	叶形萼 尖形萼	子房形态	杯形
花梗长度	短梗	花梗刚毛	无	嫩枝颜色	浅棕红色	成熟枝颜色	绿色
叶色	灰绿	叶面	平展	叶形	圆形	叶顶形	急尖
叶光泽度	无光泽	叶基形	截形	叶缘锯齿	细锯齿形	刺体形态	平直刺
刺体密度	密	刺体大小	大	枝条曲直	直	始花期	中

培育国别与年代　法国　Meilland　1990年

亲本　(Prairie Princess × Nirvana) × (Eyepaint × Rustica)

获奖　AARS 1991

描眉画眼 Eye Paint 系列：S

初开花色	朱红色白心	后期花色	变淡	单朵花期	约7天	花形	卷边盘形
花径	5cm	花香	不香	花心	露心	瓣数	单瓣
瓣形	扇形瓣	花蕾形态	圆尖形	花萼形态	尖形萼	子房形态	漏斗形
花梗长度	短梗	花梗刚毛	无	嫩枝颜色	浅棕红色	成熟枝颜色	绿色 灰绿色
叶色	深绿	叶面	平展	叶形	卵形	叶顶形	锐尖
叶光泽度	半光泽	叶基形	钝形	叶缘锯齿	浅粗锯齿形和深粗锯齿形	刺体形态	平直刺
刺体密度	多	刺体大小	中	枝条曲直	直	始花期	中

培育国别与年代　新西兰　McGredy　1975年

亲本　Seedling × Picasso

幸运 Bonanza

系列：S

初开花色	红黄复色	后期花色	变深
单朵花期	约8天	花形	卷边盘形
花径	7cm	花香	不香
花心	半露心	瓣数	重瓣
瓣形	扇形瓣	花蕾形态	圆尖形
花萼形态	尖形萼	子房形态	球形
花梗长度	短梗	花梗刚毛	无
嫩枝颜色	棕红色	成熟枝颜色	绿色
叶色	翠绿	叶面	褶皱
叶形	卵形	叶顶形	锐尖
叶光泽度	有光泽	叶基形	钝形
叶缘锯齿	细锯齿形	刺体形态	平直刺
刺体密度	多	刺体大小	大
枝条曲直	曲	始花期	很早
培育国别与年代		德国 Wordes 1982年	
亲本		Seedling × Arthur Bell	

橙檬相会
Oranges'n' Lemons
系列：S

初开花色	红黄条纹与斑块	后期花色	变淡
单朵花期	约8天	花形	卷边盘形
花径	8cm	花香	微香
花心	半露心	瓣数	重瓣
瓣形	扇形瓣	花蕾形态	圆尖形
花萼形态	羽形萼	子房形态	漏斗形
花梗长度	短梗	花梗刚毛	平展
嫩枝颜色	浅棕红色	成熟枝颜色	浅棕红色
叶色	深绿	叶面	平展
叶形	椭圆形	叶顶形	锐尖
叶光泽度	有光泽	叶基形	钝形
叶缘锯齿	锯齿形	刺体形态	斜直刺
刺体密度	密	刺体大小	大 小
枝条曲直	直	始花期	中
培育国别与年代		英国 McGredy 1993年	
亲本		[New Year × (Freude × Seedling)]	

糖果条纹 Candy Stripe 系列：s

初开花色	深粉浅粉嵌合	后期花色	变淡	单朵花期	约8天	花形	卷边盘形
花径	11cm	花香	浓香	花心	散心	瓣数	重瓣
瓣形	圆瓣	花蕾形态	圆尖形	花萼形态	尖形萼	子房形态	杯形
花梗长度	短梗	花梗刚毛	密	嫩枝颜色	绿色	成熟枝颜色	灰绿色
叶色	灰绿	叶面	平展	叶形	圆形 卵形	叶顶形	锐尖
叶光泽度	无光泽	叶基形	截形	叶缘锯齿	锯齿形	刺体形态	弯刺
刺体密度	多	刺体大小	中	枝条曲直	直	始花期	早
培育国别与年代		英国 McCummings 1963年					
亲本		“粉和平”芽变